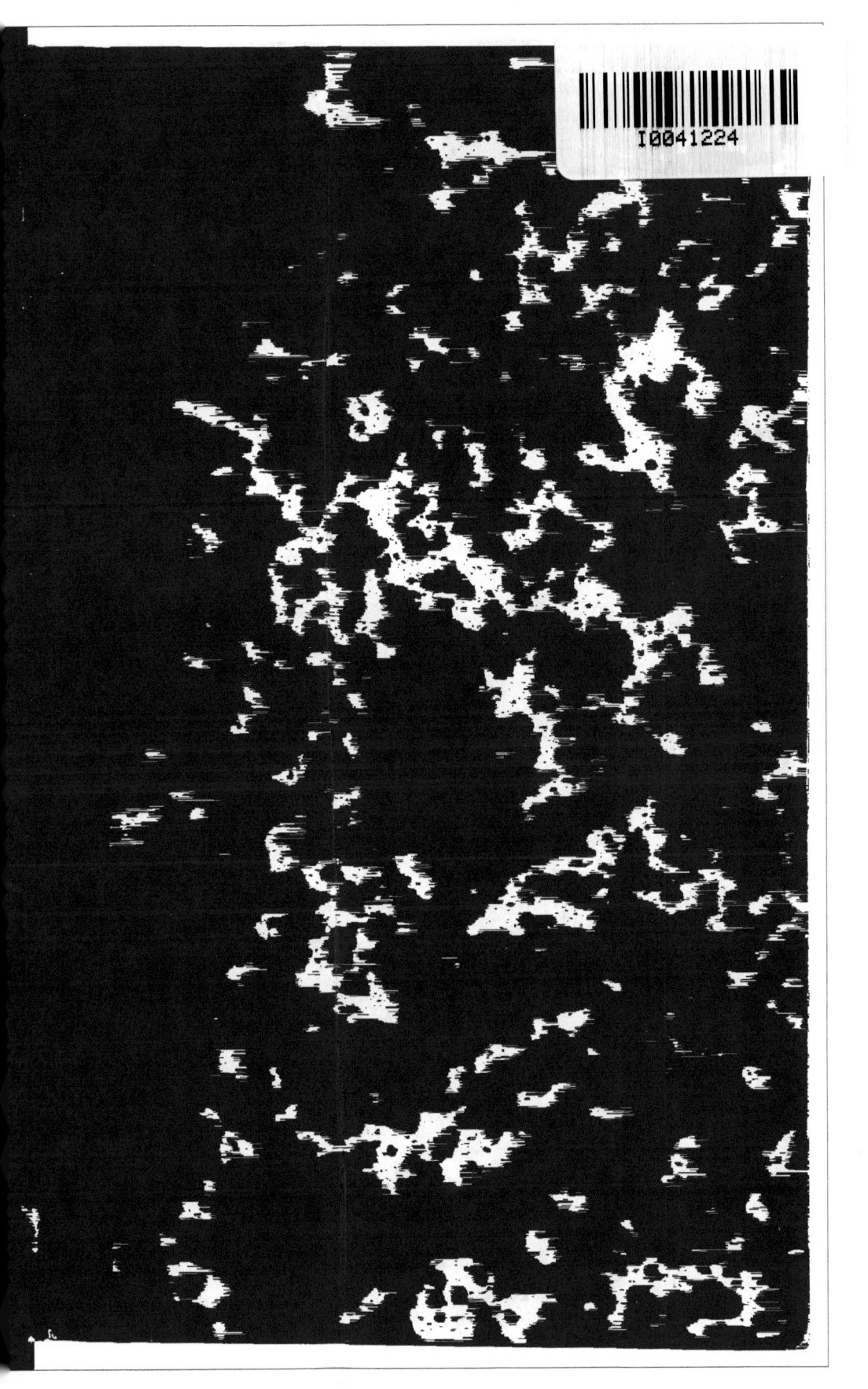

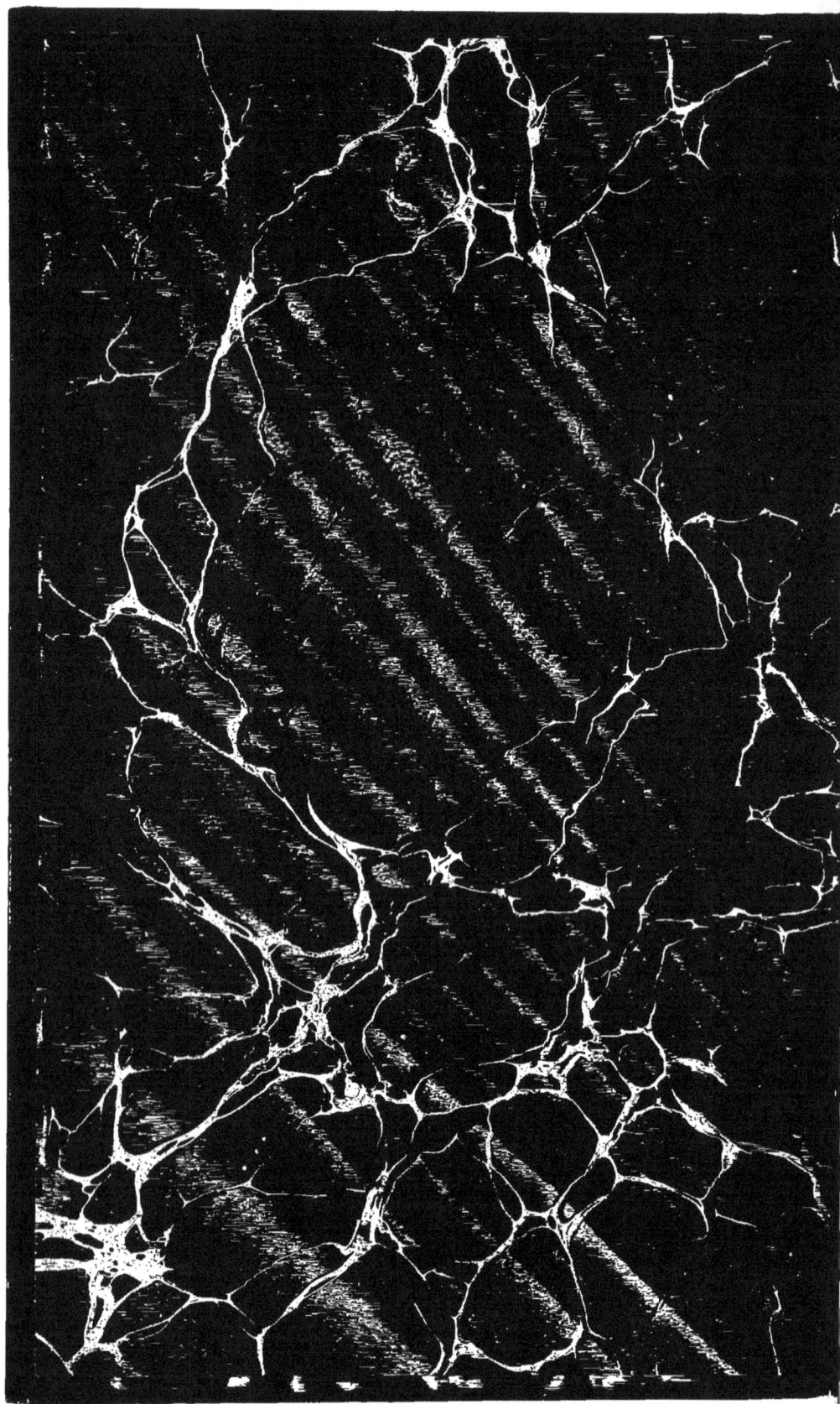

S

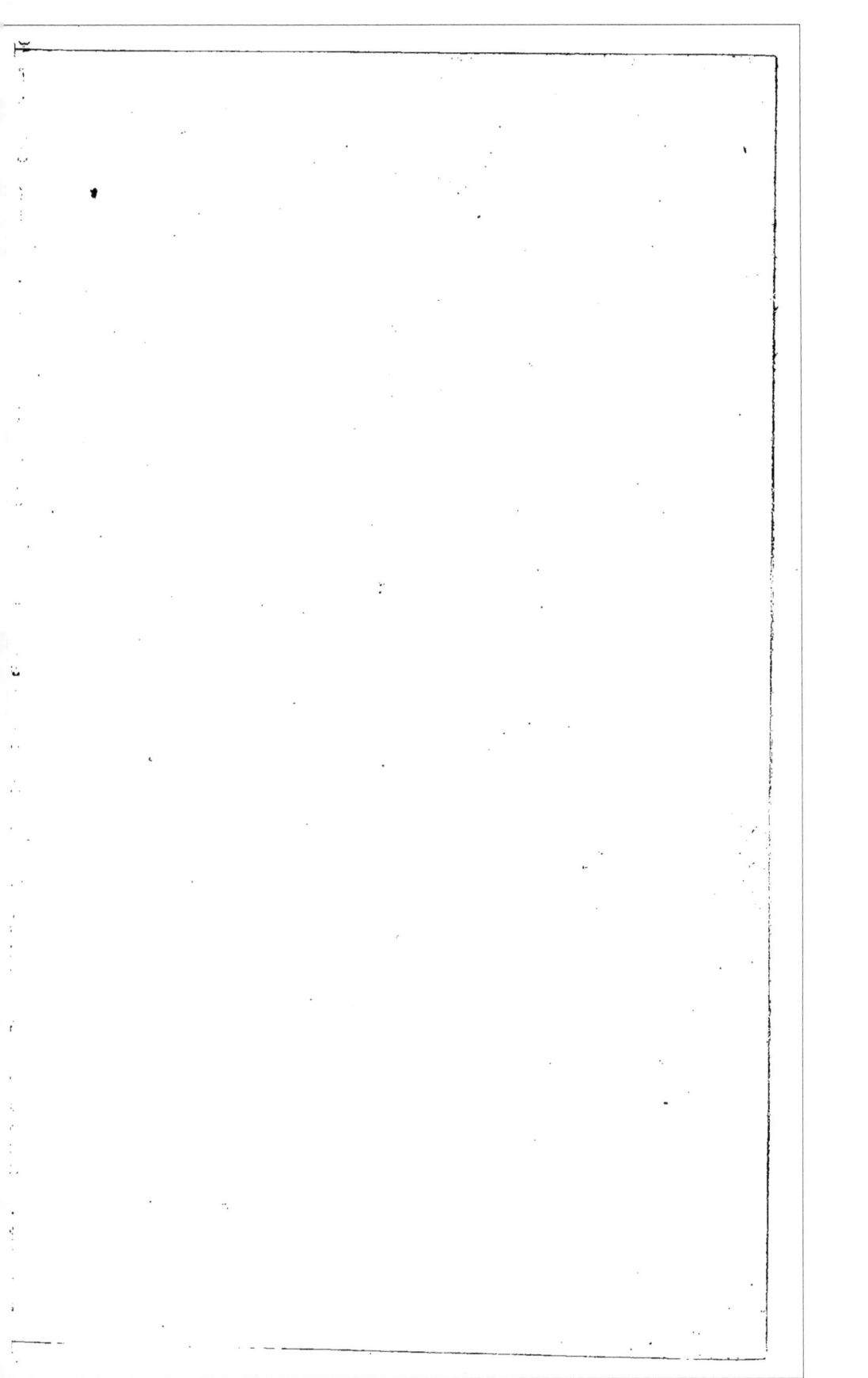

©

29153

DE LA TAILLE

DU POIRIER ET DU POMMIER

EN FUSEAU.

DE LA TAILLE
DU POIRIER ET DU POMMIER
EN FUSEAU ;

MÉTHODE NOUVELLE

ACCOMPAGNÉE

D'UNE NOTICE SUR L'UTILITÉ DE L'INCISION ANNULAIRE,

ET SUIVIE D'UNE INSTRUCTION POUR LA TAILLE DU PÊCHER.

Avec cinq planches lithographiées contenant 20 figures.

DÉDIÉE

A LA SOCIÉTÉ D'AGRICULTURE DE BAR-LE-DUC,

par **CHOPPIN**,

MEMBRE DE CETTE SOCIÉTÉ.

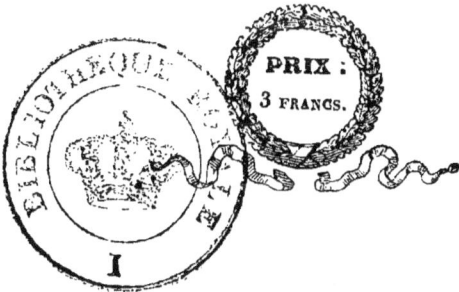

PRIX :
3 FRANCS.

BAR-LE-DUC,

IMPRIMERIE DE NUMA ROLIN,

IMPRIMEUR DE LA PRÉFECTURE ET LITHOGRAPHE,

RUE DE LA ROCHELLE, 108.

1835.

AVERTISSEMENT.

Les habiles praticiens qui se sont succédé depuis Roger-de-Chabol jusqu'à Noisette et Dalbret, ont si bien exposé et développé, dans des ouvrages spéciaux, la théorie des arbres à fruits, qu'il est téméraire de venir après eux traiter un pareil sujet. Toutefois, quelque haute estime que je professe pour ces savants maîtres, quelque obligation que je leur aie, je ne pense pas que les conquêtes de l'expérience se soient arrêtées à eux; qu'ils aient tout vu, tout saisi, tout pénétré dans la marche de la nature; en un mot, que l'ensemble de leurs travaux présente, pour ré-

sultat des notions si claires et si positives,
et d'une application tellement infaillible,
qu'elles dispensent de nouvelles investiga-
tions. Le croire serait nier la possibilité du
progrès, rendre stationnaire un art essen-
tiellement perfectible. Ces considérations, et,
j'ose ajouter, les suffrages flatteurs dont on
a encouragé mes efforts, m'ont déterminé à
publier le résultat de mes propres expériences, non que j'aie la fausse prétention
de faire mieux que mes devanciers, mais
parce que je crois la multiplicité des méthodes avantageuse à la science, et que j'es-
père, en livrant la mienne à l'impression, rec-
tifier quelques erreurs, et détruire certains
préjugés de doctrine qui repoussent des pratiques utiles et en admettent de vicieuses.

Puisque j'ai prononcé le mot MÉTHODE,
je dois, avant tout, dire en quoi consiste la
mienne, ce qui la distingue des autres, ce
qu'elle a de spécial. Voici d'abord son but

essentiel : c'est de dresser le *Poirier* de telle sorte, qu'un sujet *en forme de quenouille*, planté avec les précautions requises, atteigne, au bout de huit ou dix ans, une hauteur de 15 à 20 pieds ; que la tige, *parfaitement droite*, soit garnie, du bas en haut, *sans vide ni confusion*, de branches, lambourdes et brindilles qui, distribuées régulièrement, n'offrent, dans la plus grande épaisseur de l'arbre, qu'un diamètre de 18 pouces au maximum, lequel décroît insensiblement jusqu'à l'extrémité supérieure, ainsi que le représentent les *fig.* 1 et 2, *Pl.* IV, dessin exact de l'un de mes poiriers.

Cette forme, à laquelle j'ai cru pouvoir donner par analogie le nom de FUSEAU, réunit les diverses conditions d'élégance, d'agrément, de rapport et de durée. Rien n'est plus gracieux dans les grands jardins, de plus commode dans les petits ; son peu de circonférence ou d'épaisseur permet, dans ceux-ci, d'y multiplier les plantations, et, dans les autres, sauve les arbres de la violence des vents, tandis qu'elle produit en abondance et long-tems des fruits qui, constamment exposés aux influences atmosphériques, acquièrent en beauté comme en qualité toute la perfection dont ils sont susceptibles.

Ayant ainsi exposé succintement le but et les avantages de ma méthode appliquée à une forme que j'ai appelée *taille en fuseau*, pour la distinguer de la *taille en quenouille*, dont elle est au moins une modification perfectionnée, il me reste à dire sur quels principes repose cette méthode, ou, en d'autres termes, par quels procédés efficaces je donne au Poirier la forme ci-dessus décrite.

Trois règles en sont la base principale, et se résument ainsi : taille très-courte de toutes les branches qui naissent sur la tige, et de leurs ramifications ; au rebours et par compensation, taille très-allongée du bourgeon terminal, lequel doit toujours être seul à continuer la tige (1); et, finalement, application de l'incision annulaire (2), quand il y a nécessité.

Puissent les nombreux amateurs d'arbres fruitiers trouver dans ce petit ouvrage quelque précepte capable de fixer leur attention, et un guide qui les aide à remédier à l'ignorance de leurs jardiniers ! J'aurai alors atteint le but que je me propose.

---

(1) On conçoit que l'application de ce précepte est subordonné aux circontances et à la vigueur du sujet, surtout pendant les premières années de sa plantation.

(2) Les résultats que j'ai obtenus de l'incision annulaire, appliquée aux arbres fruitiers, ont paru assez intéressans à MM. Jacquin, frères, pépiniéristes, à Paris, pour les engager à me demander, par leur lettre du 12 novembre 1834, une notice à ce sujet, afin de l'insérer dans les *Annales de Flore et Pomonne*, dont ils sont collaborateurs. Depuis cette époque, deux rapports sur l'incision annulaire ont été faits à l'académie des sciences; mais comme ils ne traitent que la partie scientifique de la physiologie, j'ai pensé qu'il serait utile de donner ici une explication détaillée de cette opération et de son utilité pour la formation et la fructification des arbres.

DE LA TAILLE
DU POIRIER ET DU POMMIER
EN FUSEAU.

CHAPITRE I.er

DU DÉFONCEMENT : NÉCESSITÉ DE CETTE OPÉRATION AVANT LA PLANTATION.

DE toutes les formes que l'on peut donner aux Poiriers et aux Pommiers, c'est celle qui est connue sous le nom de *quenouilles* ou *pyramides* qui est le plus généralement adoptée. Dans la plupart des jardins, on voit des quenouilles et des pyramides, mais on peut dire aussi que presque partout elles sont mal dirigées, et qu'un grand nombre de jardiniers, asservis à une tra- dition routinière, et n'ayant souvent aucune notion de la végétation, coupent, taillent et massacrent ces pauvres arbres, qui, après avoir été ainsi mutilés pendant quelques années, ne présentent que des sujets peu élevés, difformes, occupant une grande circonférence, couverts de chancres, de chicots, et donnant rarement des fruits (1). Leur défectuosité a pour cause la taille écourtée de la tige principale qu'ils ravalent à deux ou trois pouces chaque année : la sève, arrêtée dans le canal direct de la branche verticale, se porte nécessairement dans les branches latérales, et donne naissance à un grand nombre de bourgeons qui, taillés à deux ou trois yeux tous les ans, se reproduisent toujours plus nombreux et plus confus. Il est rare de récolter sur des arbres ainsi taillés ; et, après une végétation de douze ou quinze ans, le jardinier conseille de les arracher comme étant des sujets mauvais, et de les remplacer par d'autres qu'il gouvernera de la même manière. Cependant il est quelques pays où un très-bon fonds de terre fait résister les quenouilles à ces pratiques vicieuses; mais elles ne

(1) Il est vrai de dire que ces cultivateurs laborieux, toujours occupés aux nombreux travaux du potager et au soin que demande constamment le jardinage, ont peu de tems à donner à l'étude de la nature, et à la lecture des bons auteurs.

donnent du fruit que fort tard, et quand déjà chancreuses et difformes, elles approchent de la caducité.

Il y a quelques cultivateurs intelligens qui, plus judicieux dans leur taille, allongent la branche montante ou branche mère; mais ils allongent aussi en proportion les branches latérales de deux ou trois pouces chaque année, de manière que ces quenouilles ont cinq ou six pieds de diamètre à l'âge de douze ou quinze ans, qu'elles portent beaucoup d'ombrage, masquent la vue, et qu'on ne peut les planter qu'à huit ou dix pieds de distance; enfin que leurs fruits, quand elles en donnent, ce qui n'arrive pas toujours, étant cachés sous les feuilles et les branches qui les dominent, ne sont point colorés par le soleil.

C'est particulièrement sur le Poirier que l'on apperçoit le plus l'ignorance du cultivateur, parce que cet arbre, moins facile à diriger que le Pommier, présente des difficultés que l'on ne peut surmonter qu'en suivant une méthode raisonnée. Il faut donc que l'amateur qui veut tailler lui-même ses arbres ou diriger son jardinier, puise dans un bon traité les principes généraux de la taille des arbres, qu'il s'en pé-

2

nêtre, qu'il les sache pour ainsi dire de mémoire ;
alors, appliquant la théorie à la pratique, aidant
l'une par l'autre, il sera récompensé de ses
peines, au bout de quelques années, par des
arbres vigoureux couverts de fruits, et qui fe-
ront le plus bel ornement de son jardin. Mais
pour obtenir avec certitude ces beaux résultats,
ce n'est pas assez de posséder à fond les auteurs
et d'être doué d'autant de patience que de sa-
gacité, il faut encore procéder à une opération
préliminaire sur laquelle je ne saurais trop in-
sister, celle du *défoncement*, dont je parlerai
ci-après. C'est une opinion généralement reçue
dans notre département, que le Poirier n'y peut
prospérer en quenouilles ; jardiniers et amateurs en sont également persuadés ; et, en effet,
l'état de langueur et de dépérissement dans lequel végète le plus souvent cet arbre fruitier,
est bien fait pour entretenir leur conviction
à cet égard : presque tous les jardins présentent des quenouilles n'ayant qu'une verdure
pâle, jaune ou livide, et dont l'extrémité des
pousses se dessèche pendant la sève; aussi,
lorsque je créai mon jardin et que je parlai d'y
planter des Poiriers, chacun de m'en détourner,
tous me prédisaient que je ne réussirais pas. Je

ne tins nul compte de leur avertissement, et quelques années plus tard, j'eus la satisfaction de
montrer aux incrédules des quenouilles en tout
semblables à celles représentées sur la planche
IV. Je reconnus alors que le meilleur moyen de
combattre avec succès de funestes préventions
et les pratiques vicieuses de la routine, était
d'employer une bonne méthode et d'en exposer
les résultats. La même prévention existait aussi
contre le pêcher, on prétendait qu'il ne pouvait
prospérer dans notre sol; j'en plantai en espaliers
qui, à 10 ans, avaient atteint 40 pieds d'étendue
sur 8 pieds de haut, et dont toutes les branches, disposées suivant la taille pratiquée à Montreuil, formaient un espalier symétrique couvert également sur toute la surface de trois ou
quatre cents belles pêches. Pour obtenir une
aussi belle végétation, il faut non seulement employer une taille raisonnée, apporter des soins
tous les jours; mais on doit préalablement remédier au désavantage du sol, et surtout ne
planter que de bons sujets (1).

---

(1) La plupart des arbres que l'on expédie à vil prix font le déses-
poir de ceux qui les achètent et les plantent. Payez vos arbres quatre
fois plus cher et ayez du bon; c'est en définitive le meilleur marché.

Beaucoup de jardiniers, lorsqu'ils plantent un arbre, se contentent de creuser un trou de 12 à 15 pouces, et d'y enfoncer le sujet; après avoir rejeté la terre sur les racines, ils la tassent fortement autour du jeune plant, en la piétinant. Cette pratique est extrêmement vicieuse. On ne peut planter convenablement un arbre avant d'avoir défoncé le terrain, quand même on croirait la terre de bonne qualité; car une terre, quelque bonne qu'elle puisse être, dégénère en proportion de l'éloignement de la superficie, ce qui, dans tous les cas, nécessite le défoncement. Il ne faut attribuer la plupart du tems le peu de végétation des arbres nouvellement plantés, et leur dépérissement précoce, qu'au défaut de fouilles nécessaires dans des terres souvent usées, de mauvaise qualité ou infertiles, lorsque d'ailleurs le sujet a été bien choisi: elles cessent d'être meubles à 18 pouces de profondeur, et les jeunes racines étant extrêmement tendres percent difficilement une terre trop compacte. Il est donc indispensable, avant la plantation, de creuser une fosse de 3 ou 4 pieds au moins en tous sens. On mettra de côté la terre de la superficie, qui est fertilisée par le soleil, jusqu'à 15 ou 18 pouces; on formera un deuxième tas de celle qui ne serait pas de bonne qualité ; enfin on en fera un troisième de celle qui paraîtrait bonne, mais qui, privée des influences de l'air depuis long-tems, a besoin d'être rapportée sur le sol.

Si le défoncement a lieu dans un terrain dont la terre n'est pas usée, et que cette terre paraisse bonne, on se contentera de mettre au fond de de la fosse la terre qui était dessus, et on achevera de la remplir avec celle qui aura été tirée du fond, ayant soin d'en distraire toutes les pierres. Si, au contraire, on défonce un terrain épuisé par la nourriture qu'en ont tirée les arbres qui y étaient plantés de longue date, alors il est indispensable d'améliorer cette terre en y mêlant des *bouages* ramassés dans les rues, et qui auraient été entassés au moins six mois. On peut aussi y ajouter un quart de bonne *terre de pré* ou de *bois*, prise à la *superficie*, un peu de *fumier animal* bien consommé, de la *cendre délayée* par la lessive, enfin des *gazons*, qui forment le meilleur de tous les engrais. Celui qui peut se procurer de ces *gazons*, soit au bord des routes, le long des ruisseaux ou dans les prés, les placera dans une fosse, les uns sur les autres, en mettant les racines en l'air. Après les avoir laissés entassés pendant six mois ou un an, il peut remplir ses fosses à moitié avec ces gazons, il est certain qu'ils lui procureront pendant longtems une belle végétation. Il faut bien se garder de placer ces divers engrais ou amendemens successivement par couches dans les fosses; il est indispensable de les mélanger parfaitement entre eux et avec la terre du sol, conservée comme bonne; il faut le même soin quand on y rapporte des terres de prés, qui ne doivent y entrer que pour un quart, et qui seraient plus nuisibles si elles n'étaient bien mêlées avec les autres terres. Sans sonder la terre, on peut reconnaître qu'elle est usée ou de mauvaise qualité, à la pousse maigre et fluette des arbres, à la pâleur de leur feuillage, à la petitesse des fruits, et surtout à la brûlure de l'extrémité des pousses qui se noircissent entre les deux sèves, c'est-à-dire dans le courant d'août.

J'insiste d'autant plus sur le défoncement, que je le considère comme la base indispensable d'une bonne plantation. On voit chaque jour des jardiniers remplacer un arbre mort sans renouveler la terre qu'il a épuisée par une longue végétation; planter dans un terrain dont la terre végétale n'a pas deux pieds de profondeur, ou dans une terre qui, tassée depuis de longues années, est impénétrable aux influences de l'air; c'est à ces pratiques vicieuses qu'il faut souvent attribuer le peu de succès des propriétaires qui font des plantations. S'ils m'objectent que ce défoncement est bien dispendieux, je leur répondrai : au lieu de planter 50 sujets que vous aurez le désagrément de voir périr les uns après les autres, et qui ne vous donneront que de faibles récoltes, n'en plantez que 20, suivant ces principes, et vous aurez de beaux arbres qui, pendant de longues années, vous produiront beaucoup plus de fruits que 50 arbres mal plantés.

Voici un nouvel exemple à l'appui de la nécessité du défoncement : en visitant un jardin, il y a quelques années, je remarquai le long d'un mur exposé au levant, plusieurs pêchers chétifs, de 10 à 12 ans, qui avaient à peine quatre pieds d'étendue : sur l'observation que je fis au propriétaire qu'ils avaient bien peu de vigueur, il me répondit (ainsi que le font tous les jardiniers qui réussissent peu dans leurs plantations) que le sol ne leur convenait pas, qu'ils ne se plaisaient nullement dans son jardin, que depuis 20 ans il en plantait chaque année, et qu'ils

mourraient au bout de 3 ou 4 ans. Il ne savait
pas, il est vrai, ce que c'est que de défoncer
le terrain ; il se contentait, pour planter ses
pêchers, de creuser à 15 ou 18 pouces de profondeur, et de mettre, chaque année, de l'engrais sur le sol. Je lui proposai d'en faire planter
de nouveaux en suivant la bonne méthode ; il
y consentit. Je fis creuser des fosses de 5 pieds
en tous sens, et lorsqu'on eût enlevé 18 pouces
de bonne terre, on ne retira plus que des terres
blanches et des grèves, dans lesquelles les jeunes
racines, ne trouvant point de nourriture, ces-
saient de croître et causaient la mort de ces
arbres avant qu'ils eussent porté des fruits. Je
fis jeter dans le fond de ces fosses la terre qui
avait été enlevée à la superficie ; on en prit, pour
les remplir, dans les carrés du jardin, en les
mêlant avec un tiers de bouages, bien con-
sommés, et j'y plantai 4 pêchers qui, à l'âge de
5 ans, couvraient un mur de cent pieds d'é-
tendue sur 8 de hauteur, et commençaient à
donner une belle récolte.

J'ai cru devoir m'étendre sur cet article, parce
qu'on peut faire difficilement comprendre à
beaucoup de nos jardiniers ou propriétaires de
jardins, que pour planter un arbre qui a à

peine quelques racines et un pouce de diamêtre,
il soit nécessaire de faire une fosse aussi pro-
fonde; ils ne considèrent l'arbre qu'au moment
de la plantation, et ils ne se le représentent
pas donnant chaque année une quantité de
branches qui atteignent de 3 à 6 pieds, et portent beaucoup de gros fruits, pour lesquels il
faut faire, à l'avance, provision d'une nourriture
substantielle. Le même principe s'applique à la
plantation de tous les arbres, soit en espalier,
ou quenouilles, ou en plein vent. Il faut cependant moins de profondeur au sol pour les pêchers greffés sur prunier, pour les abricotiers,
les pommiers et les pruniers, que pour les pêchers greffés sur amandier, et pour les poiriers,
parce que les racines de ces deux dernières espèces, pivotant beaucoup, vont à une grande
profondeur puiser leur nourriture; tandis que
les autres, dont les racines s'enfoncent moins,
peuvent aisément végéter à la superficie du sol.
Pour ces derniers, il suffit de défoncer à 2 pieds
et demi ou 3 pieds; cependant si, à cette profondeur, on ne rencontrait que la *glaise*, de la
marne, de la *terre blanche* ou des *grèves*; il faudrait porter la fouille jusqu'à 4 pieds, en tous
sens.

Je ne reconnais donc pas de mauvais sol pour planter, parce qu'au moyen du défoncement on peut en changer la nature.

Si la terre est trop grasse, il faut la rendre plus légère, moins compacte; si, au contraire, elle est trop légère, il faut lui donner du corps: à l'égard des terres humides et froides, on les dessèche, on les réchauffe.

Pour alléger les terres trop grasses ou trop substantielles, on peut y mêler soit des gazons renversés, soit de la cendre qui a été lessivée, ou du sable. A l'égard des terres maigres ou trop légères, il faut leur donner du corps et de la fécondité en y mêlant des bouages, des balayures des maisons, de la fiente de vache : le tout bien consommé et bien mêlé avec la terre que l'on veut bonifier. S'il faut dessécher et échauffer celles qui sont humides et froides, on met dans le fond des fosses du *poussi de charbon*, mêlé avec des *débris de démolition*, ce qui donne de l'écoulement aux eaux, on établit un lit de gazon d'environ un pied, ensuite on mêle, avec la terre de la fosse, des feuilles pourries et consommées, et du fumier de cheval dans la proportion de moitié; à défaut de feuilles, on peut y suppléer par un quart de cendres lessivées.

CHAPITRE II.

NOTIONS GÉNÉRALES.

Instrumens nécessaires pour la taille.

Il faut une *scie à main* à lame étroite et allongée; une *serpette;* un *sécateur.* Ce dernier instrument est préconisé par des jardiniers, et blâmé par d'autres, qui prétendent que la pression du croissant contre l'écorce l'écrase, la détache au-dessous de la plaie, et que le bout des branches mutilées se dessèche au lieu de se cicatriser. Il est vrai que la coupe faite avec le sécateur se recouvre moins vite que celle opérée avec la serpette: cependant, depuis 12 ans que je me sers du sécateur, mes arbres ne présentent ni branches sèches ni bois mort; toutes les plaies sont en partie recouvertes. Je lui accorde donc la préférence sur la serpette, attendu que n'y ayant reconnu aucun inconvénient, je trouve que l'on abrège beaucoup le travail avec cet instrument. A l'égard des arbres en *fuseau*, qui s'allongent de 20 à 25 pieds, il y a nécessité de s'en servir pour tailler les branches que l'on ne peut atteindre avec la main, quoique monté sur une échelle double. Je donne à la *Pl.* II, *fig.* 3, le modèle de cet instrument fixé au bout d'une perche de sapin de douze pieds de long. J'emploie aussi le sécateur pour tous les autres arbres fruitiers, la vigne, les rosiers et les arbrisseaux; mais on ne doit point s'en servir pour les pêchers, dont l'écorce très-délicate est sujette aux chancres. Cet arbre ne peut être convenablement taillé qu'avec une serpette bien tranchante. Cependant, malgré ma prédilection pour le sécateur, je crois que la serpette convient mieux aux arbres qui ne sont plus dans leur première vigueur, et dont parconséquent les plaies se ferment plus lentement (1).

Des diverses natures de branches.

Avant de pratiquer la taille que j'ai adoptée, il est des notions générales qu'il faut connaître pour y procéder facilement; je vais donc les

(1) **On** trouvera aussi *Pl.* IV, *fig.* 3, le dessin d'un *cueille-poire*, à ressort, très-commode. A, A, deux cercles de fil de fer où sont attachées deux petites poches en filet, B, ressort en fil de fer qui tient l'instrument ouvert.

indiquer afin de mettre le cultivateur à même d'opérer avec intelligence.

Il y a des branches que l'on nomme *à bois*, et qui croissent sur la tige principale ; elles donnent naissance à d'autres petites branches nommées *brindilles*, et à des bourgeons désignés sous le nom de *lambourdes* ou *bourses à fruits* : ce sont ces lambourdes qui produisent les fruits. C'est au jardinier intelligent à garnir ses arbres d'une quantité de branches à bois, et de faire croître, par une taille raisonnée, des *brindilles* et des *lambourdes*, là où elles sont nécessaires. Ces deux dernières sortes de branches viennent aussi sur la tige principale.

Le **bouton à bois** qui doit, si on n'en change pas la destination, produire une branche à bois, est pour ainsi dire collé contre la branche où il éclot ; sa forme est mince et allongée ; il se prolonge en pointe ; il est moins enveloppé de parties écailleuses que les boutons à fruits, croît promptement et donne naissance à une branche dont l'écorce est lisse, et sur laquelle les boutons sont beaucoup plus éloignés les uns des autres que sur les lambourdes. Voir *Pl.* I ᴀ, qui représente une branche avec ses boutons à bois.

Les **brindilles** sont de petites branches menues et longues de 4 à 6 pouces, et quelquefois plus. Voir *Pl.* I b.

Les **lambourdes** ou boutons à fruits se développent sur les vieux bois ou sur les brindilles. Il leur faut, pour se former, 3 ou 4 ans avant de fleurir. La première année, le bouton destiné à devenir **lambourde**, donne 3 feuilles ; la 2.ᵉ année il en donne 4 ou 5 et s'allonge d'environ un demi-pouce; son écorce se ride et le bouton paraît enveloppé d'écailles; la 3ᵐᵉ année, il a de 5 à 7 feuilles, et présente, après la chûte des feuilles, un bouton beaucoup plus gros qu'un œil-à-bois, et dont le support est fortement ridé ; enfin, la 4ᵐᵉ année, il se gonfle prodigieusement, donne naissance à sa base, à d'autres *lambourdes*, et produit de 5 à 8 feuilles, au milieu desquelles apparaissent les fleurs. *Pl.* I. c. *Lambourde d'un an;* d. *Lambourde de 2 ans;* e. *Lambourde de 3 ans;* f. *Lambourde de 4 ans,* prête à fleurir; g. *Lambourde de 5 ans* qui a porté des fruits, et sur laquelle se forment d'autres lambourdes.

Défectuosités produites par des tailles vicieuses.

La taille demande beaucoup d'étude et de soins; c'est de son exécution judicieuse que dé-

pend la direction, la beauté et la santé des arbres; c'est par elle que l'on obtient les branches
à bois et à fruits là où elles sont nécessaires;
mais combien peu de jardiniers connaissent les
vrais principes de cette opération; ils coupent
et ne savent pas tailler; aussi beaucoup d'arbres
sont couverts de *chicots*, d'*onglets*, de *branches
mortes*, de *chancres*, de *plaies non recouvertes*,
etc.; et comme peu de propriétaires se connaissent en jardinage, je vais indiquer les défectuosités causées aux arbres par les résultats des
mauvaises tailles, pour les mettre à même de
reconnaître si leurs arbres sont bien ou mal
dirigés.

Les **chicots** sont de petites branches mortes
ou vives, que le jardinier a laissées pour avoir
taillé à dix ou douze lignes au-dessus d'un œil.
Pl. I. H.

Les **onglets** proviennent d'une taille trop allongée en bec de flûte; l'extrêmité de la branche
ainsi taillée ne pouvant être recouverte par
l'écorce, se dessèche et meurt. *Pl.* I. I, I.

Pour éviter ces chicots et ces onglets, on doit
tailler la branche en *biseau* un peu incliné, et
dont l'extrêmité supérieure se terminera à environ une ligne plus haut que la pointe de l'œil,

Pl. I. к, к, к. Quand on veut supprimer une branche, il faut la couper au rez du tronc, comme cela est indiqué *Pl.* I. м.

Les **branches mortes** ne seront point rompues avec la main; mais on doit les couper jusqu'au vif, bien unir la plaie avec la serpette, et la couvrir de cire à greffer (1), si elle est un peu forte. Lorsqu'on emploie la scie à main pour extraire une branche, il est de toute nécessité d'unir ensuite la plaie avec la serpette.

Les **chancres**, qui sont le résultat d'une contusion ou de toute autre cause, se guérissent en enlevant jusqu'au vif les écorces viciées, et en recouvrant la plaie de cire à greffer; si elle était considérable, il faudrait mettre dessus de l'on-

(1) Pour faire cette cire, on prend :

Cire à cacheter commune........ 1 partie.
Suif de mouton................ 1 *idem.*
Cire blanche.................. 1 *idem.*
Miel......................... 1/8 *idem.*

Faire fondre le suif et la cire; ajouter, par petits fragmens, la cire à cacheter, en remuant constamment, ensuite le miel; à l'instant où l'on retire du feu, on verse ce mélange, lorsqu'il est chaud, dans une petite boîte de fer blanc, en l'agitant un peu jusqu'au moment où il est congelé.

Quand on veut employer cette cire, on tient la boîte dans sa poche pour l'échauffer et la rendre flexible.

guent de St-Fiacre (1), à l'épaisseur de plusieurs
pouces, et l'emmailloter de nouveau. On agit
de même pour les *vieilles plaies non recouvertes*
qui, si elles n'étaient soignées, finiraient par
causer la mortalité de la branche la plus rap-
prochée. *Pl.* I, L.

Epoque de la taille.

On ne peut préciser l'époque de la taille, attendu que la végétation est plus ou moins hâ-
tive, suivant la latitude, et qu'il y a des années
plus ou moins précoces. C'est toujours au printems que l'on commence cette opération : elle
se pratique d'abord sur les arbres hâtifs tels que
l'abricotier, le pêcher, etc., ensuite sur les poi
riers, les pommiers, etc. Le moment le plus
favorable pour tailler est, après les gelées passées, quand les boutons sont déjà gonflés, parce
qu'alors on reconnaît plus aisément ceux qui
sont à bois ou à fruits, et que l'on opère avec
plus de certitude. Si l'on taillait trop tard, ces
boutons, étant très-développés et près de fleurir,
seraient plus sujets à être rompus. Beaucoup de

(1) L'onguent de St-Fiacre se fait de deux tiers de fiente de vache
et d'un tiers de terre glaise, pétris ensemble.

3

jardiniers journaliers, pressés d'ouvrage à cette époque, ne pouvant travailler que peu de jours de suite chez les maîtres, taillent sans distinction tous les arbres en même tems, et assurent qu'il n'en résulte aucun inconvénient; c'est une erreur grave; j'engage donc les amateurs de beaux arbres, et qui sont désireux de leur voir porter des fruits, à surveiller ce travail.

Des diverses opérations qui succèdent à la taille.

L'art de diriger les arbres à fruits ne consiste pas seulement dans la taille proprement dite; celle-ci n'est que le prélude d'autres opérations non moins indispensables, telles que l'*ébourgeonnement* et le *pincement*, communs aux quenouilles et aux espaliers, le *palissage* pour ces derniers, le *cassement* des branches pour les arbres à pépins, enfin l'*incision annulaire*. Il faut, avant de commencer la taille, connaître le but de ces procédés et leur résultat; c'est ce que je vais indiquer.

De l'Ebourgeonnement.

Il y en a de deux sortes : le premier, *applicable seulement aux espaliers*, est peu en usage, quoique d'un avantage incontestable. Il n'a lieu qu'après la chûte des feuilles ou avant l'ascension de la sève ; il consiste à enlever, avec la serpette ou le greffoir, tous les yeux inutiles placés sur le *devant* ou sur le *derrière* des branches : on ne conserve que ceux qui se trouvent sur les côtés et dont les pousses pourront être palissées sans confusion. Il faut, dès cette époque, choisir l'œil destiné à produire le bourgeon terminal ; c'est sur lui que l'on asseiera la taille du printems ; il sera conservé précieusement, puisqu'il continuera la branche de prolongement : à cet effet il doit être bien développé et placé en-dessus ; s'il n'y en avait point *en-dessus* on en prendrait un *en-dessous* pour que ce bourgeon s'allonge en ligne directe avec la branche mère qui lui donne naissance. L'utilité de cet ébourgeonnement est évidente ; car si, au lieu d'enlever les yeux inutiles placés devant et derrière les branches, on les laissait croître, il y aurait beaucoup plus de branches à supprimer lors de l'ébourgeonnement du printems ; il en résulterait plus de travail, plus de plaies à cicatriser, et la sève se serait portée dans des bourgeons inutiles aux dépens de la vigueur de l'arbre. D'après toutes ces considérations, on concevra facilement l'importance de cette opération : elle demande d'ailleurs peu de tems.

Le deuxième *ébourgeonnement* se renouvelle plusieurs fois dans l'année; il doit être commencé lorsque les jeunes pousses ont atteint depuis le quart jusqu'à moitié de leur longueur. On enlève aux *espaliers,* celles qui, placées devant et derrière les branches, auraient été oubliées à l'ébourgeonnement d'automne, et toutes les autres qui faisant confusion ne peuvent être palissées. Aux *quenouilles,* on supprime celles qui sont superflues et on coupe moitié ou deux tiers de la longueur des autres, suivant leur vigueur. Je m'étendrai davantage sur cet ébourgeonnement à l'article où je traiterai de la taille de la quenouille.

Du Pincement.

Le *pincement*, qui est aussi un ébourgeonnement, consiste à enlever avec le pouce et l'index l'extrémité des jeunes bourgeons dont on veut ralentir la sève. Je l'emploie souvent, et toujours avec succès, pour la formation des quenouilles et des espaliers.

Du Palissage.

Cette opération consiste à fixer aux treillages les bourgeons qui ont poussé depuis le printemps, et que l'on a conservés pour en faire des branches à bois ou à fruits, après avoir supprimé tous les bourgeons inutiles ou mal placés. On ne peut déterminer l'époque fixe où elle doit être faite, c'est à l'intelligence du jardinier à la reconnaître; si l'on palissait trop tôt, tous les bourgeons n'ayant pas encore toute leur croissance, il faudrait recommencer plusieurs fois l'opération, et la suppression prématurée de beaucoup de bourgeons ferait refluer la sève dans les yeux destinés à ne pousser que l'année suivante et dont le développement intempestif produirait une grande quantité de sous-bourgeons superflus : cette production forcée ne peut qu'être nuisible à la santé comme à l'harmonie de l'arbre.

Du Cassement des branches.

Le *cassement* n'a lieu que sur les poiriers et pommiers : cette opération est nuisible aux arbres à noyaux. Elle ne doit se faire que sur les arbres trop vigoureux qui ne se mettent pas à fruits : elle n'est pas nécessaire sur ceux qui en produisent suffisamment. Le *cassement* se fait en appuyant la branche sur le tranchant de la serpette et en la pressant à l'endroit où elle porte à faux; j'indiquerai ci - après quelles sont les branches qu'il faut casser et à quelle époque ce cassement doit être fait.

De l'Incision annulaire.

Indépendamment des opérations que je viens d'indiquer, il en est une dont j'ai reconnu toute l'importance, c'est l'*incision annulaire* : ayant employé ce procédé, avec succès, sur la plupart de mes arbres, j'entrerai à cet égard dans des détails que je ne crois pas sans intérêt pour les amateurs d'arbres à fruits, ces détails me paraissent d'autant plus essentiels à faire connaître que dans un ouvrage d'horticulture très-estimé et très-répandu, et l'un des meilleurs guides que l'on puisse suivre (1), on lit un article ainsi conçu : « On ne doit faire subir cette opération » (l'incision) qu'aux parties d'un arbre destinées » à être supprimées, car lors-même que les » écorces se sont réunies et que la plaie est » parfaitement cicatrisée, la branche n'est pas » moins souffrante et épuisée, etc., etc. »

Il est dit plus bas « on peut juger par ce que » nous venons de dire, que l'incision est de peu » de ressources sur les branches dont on veut

(1) Le Manuel complet du jardinage, par M. Noisette.

» conserver les branches à fruits plusieurs an-
» nées. »

Le même auteur proscrit aussi cette opération sur les arbres à noyaux.

Je ne partage pas l'opinion émise dans cet
ouvrage, et je vais exposer les résultats que j'ai
obtenus par l'incision.

Lorsque sur un arbre dont la branche principale a été successivement allongée pour l'élever
perpendiculairement en **Fuseau,** à 15 ou 20
pieds de haut, il se trouve une ou plusieurs
lacunes, je fais, la troisième ou la quatrième
année de la plantation, au commencement de la
sève, une *incision annulaire* vers le haut de
cette lacune, et je suis presque certain qu'il
poussera plusieurs branches, immédiatement
au-dessous de la plaie; la cause en est sans doute
que la sève ascendante, arrêtée par l'incision,
se fait jour au travers de l'écorce, et donne naissance à ces nouveaux bourgeons.

Cette opération peut se répéter différentes fois
sur le même arbre, d'année en année, et par
ce procédé on est presque sûr d'obtenir (1) des

(1) Je dis que l'on est *presque* sûr d'obtenir des branches partout
où elles sont nécessaires, parce qu'il y a quelques espèces d'arbres,

branches où elles sont nécessaires pour établir une parfaite régularité, *sans que l'arbre en souffre;* j'en ai auxquels j'ai fait *quatre* incisions successives à la branche-mère, qui sont très-bien portans et me donnent de beaux fruits.

Je ne considère pas *l'incision* comme devant seulement servir à faire naître des branches ; je l'emploie aussi pour rétablir l'équilibre dans la végétation ou mettre à fruits des arbres trop vigoureux. Par exemple, sur une quenouille de calvilles blanches, âgée de 12 ans, et qui n'était pas d'une grande vigueur, j'ai fait, il y a trois ans, une incision annulaire à 5 pieds de hauteur, qui m'a produit quatre fortes branches *au-dessous* de l'incision; tous les bourgeons et boutons *au-dessus* n'ont donné que des brindilles, des lambourdes et des fruits. L'année suivante, j'ai taillé à quatre yeux les branches qu'avait fait naître l'incision, et j'en ai pratiqué une nouvelle à dix pouces *au-dessous* de la première : elle m'a

---

le bon Chrétien, par exemple, dont l'écorce est fort dúre, et sur lesquels il est un peu plus difficile de faire naître des branches aussi nombreuses qu'on peut le désirer, au-dessous de l'incision. Plus les arbres sont vieux, moins ils sont vigoureux, et plus cette difficulté se fait sentir.

procuré cinq branches , et les quatre branches poussées l'année précédente se sont couvertes de boutons à fruits. Enfin la troisième année , j'ai encore fait une troisième incision , qui de même que les deux précédentes, m'a encore donné plusieurs branches vigoureuses et toujours *au-dessous* de l'incision : cet arbre n'en est pas moins bien portant.

On peut remarquer, d'après ces expériences, que l'incision a fait croître des branches où j'en voulais, et qu'elle a mis à fruit la partie supérieure de l'arbre qui n'en avait pas encore produit. Je crois néanmoins devoir faire observer que lorsqu'il s'agit d'un arbre jeune et très-vigoureux , cette opération ne l'empêche pas de faire de très-fortes pousses *au-dessus* de l'incision , dont le bourrelet de la cicatrice se forme promptement; mais quand c'est sur un arbre formé et dont les pousses sont faibles, que l'on pratique cette incision, les pousses *au-dessus* de l'opération ne donnent plus que des lambourdes et des fruits, d'où je conclus qu'il ne faut pas la multiplier sur le corps d'un arbre qui ne serait plus dans sa première jeunesse, et qu'elle doit être proscrite sur tous les sujets faibles ou malades.

Presque tous mes arbres ont été incisés une

ou deux fois à 6 ou 8 pouces au-dessus des
racines, pour ralentir leur trop grande vigueur :
il en est même dont la plupart des branches ont
subi cette opération, afin de les mettre à fruit,
ce qui m'a parfaitement réussi, sans que les
sujets en souffrissent aucunement. J'ai encore
fait l'incision à des branches supérieures, sur
plusieurs pêchers en espalier, pour diminuer
l'action de la sève qui s'y porte presque toujours
avec trop de vigueur aux dépens des branches
mères et des membres inférieurs, et la gomme
ne s'y est point mise. J'ai aussi soumis, avec
succès, des abricotiers à cette opération, et je
l'ai employée sur des poiriers et des pommiers
en espalier, soit pour obtenir des branches,
soit pour rétablir l'équilibre dans ces mêmes
branches, soit enfin pour avoir des fruits ; cette
incision a encore la propriété d'en augmenter le
volume et d'en accélérer la maturité de 15 ou
20 jours (1).

J'ai la conviction, d'après les résultats obtenus, que l'incision, dont la pratique remonte à

_____

(1) Je ne suis pas le seul qui ait pratiqué l'incision annulaire dans
notre ville ; deux amateurs, à qui je l'ai indiquée, ont obtenu les mêmes
résultats que moi, et continuent à en faire usage.

des temps reculés, est d'une application avantageuse, quand elle est faite avec discernement
et par des cultivateurs intelligens qui savent se
rendre compte de leurs opérations. Il en est qui
prétendent que la sève ascendante monte par le
bois et redescend par l'écorce ; cette opinion
n'est pas exempte d'invraisemblance, car si la
sève montait ainsi, l'incision, qui n'enlève que
l'écorce, n'empêcherait pas l'ascension de la sève,
et lorsqu'elle redescendrait par cette écorce,
elle se trouverait arrêtée et produirait des scions
au-dessus de cette incision, tandis que les branches
poussent toujours *au-dessous*. Par suite de mes
expériences, je suis porté à croire que la sève
ascendante monte entre l'écorce et le bois, et
qu'arrêtée par une solution de continuité, elle
fait éruption au travers de cette écorce et donne
naissance à des bourgeons là où il n'y avait quelquefois aucune apparence de végétation. Il est
à remarquer cependant que la partie supérieure
à l'incision éprouve un renflement considérable, devient plus grosse que la partie inférieure;
que la cicatrice se forme par la croissance du
bourrelet du haut en bas, et jamais de bas en
haut, le tout sans que les branches et brindilles
de la partie supérieure, prennent une croissance

marquée en proportion avec ce renflement de la tige. Ces branches et brindilles ne recommencent à prendre leur développement ordinaire, qu'après que la cicatrice de l'incision est entièrement formée.

Cette particularité me fait croire qu'il y a deux natures de sève : l'une ascendante, fournie par les racines, destinée à la formation du bois; l'autre descendante, produite par les gaz atmosphériques, propre à la production des boutons à fruits; car toutes les fois que l'on arrête ou diminue l'ascension de la sève, soit par l'incision, soit par le retranchement des racines, soit enfin par tout autre moyen, on obtient promptement des fruits en abondance, mais aux dépens de la vigueur de l'arbre.

Une expérience que j'ai faite, il y a deux ans, vient encore à l'appui de mon opinion, qu'il y a deux natures de sève dans les arbres fruitiers. Sur une branche que je voulais supprimer, et qui était placée verticalement sur un membre supérieur d'un pêcher de 6 ans, j'ai fait, au mois d'avril, une incision de 10 à 12 lignes, à 6 pouces de la naissance de cette branche, parce qu'avant de la retrancher, je désirais en obtenir encore du fruit. La partie inférieure à l'in-

cision a cessé de croître; la partie supérieure
s'est fortement gonflée, et à la fin de l'automne,
le bourrelet avait atteint le triple du diamètre
que présentait cette branche avant l'opération.
La cicatrice ne s'étant point fermée avant l'hiver,
la partie du bois, dépourvue d'écorce, paraissait
entièrement desséchée pendant le cours de l'été.
La branche au-dessus de l'incision conserva
néanmoins une belle verdure toute l'année, pro-
duisit des fruits plus gros et plus tôt mûrs que
sur les autres parties de l'arbre, mais ne donna
point de bourgeons. Au printems suivant, elle
fleurit encore, et se couvrit de quelques feuilles
jaunes; alors je la supprimai. Je fis la remarque
que la sève ascendante, entièrement arrêtée par
l'incision, s'était portée dans les branches les
plus voisines de cette incision, et qu'elle avait
beaucoup augmenté leur croissance. Quand on
fait cette opération, pour se procurer des branches, elle doit être pratiquée au commencement
de la sève, c'est-à-dire dans le courant d'avril :
elle consiste à enlever un anneau d'écorce
immédiatement *au-dessus* de l'endroit où l'on
veut faire pousser des branches : cette incision doit pénétrer jusqu'à l'*aubier*; elle aura
de 2 à 3 lignes, si le sujet à inciser a un pouce

de diamètre, là où l'on fait l'incision : elle devra être de 4 lignes sur un sujet de 2 pouces, et de 6 lignes pour les arbres qui ont 3 pouces et plus de diamètre. Elle se fait avec une serpette ou tout autre instrument tranchant.

Lorsqu'on pratique l'incision pour mettre les arbres à fruit, on peut la différer jusqu'au mois de mai ou juin; il faut cependant la calculer de manière à ce que la cicatrice soit *toujours formée* pour le mois de septembre, car si la suture n'était pas faite avant l'hiver, l'arbre ou la branche incisée mourrait infailliblement dans le courant de l'année suivante. Quand elle ne se pratique que sur de petites branches, on peut se servir du bagueur qui abrége beaucoup le travail.

CHAPITRE III.

DE LA PLANTATION ET DE LA TAILLE DES ARBRES
EN FUSEAU.

De la Plantation.

J'ai indiqué quelles étaient les causes du dépérissement et de la forme défectueuse de la plupart des quenouilles de nos jardins; ainsi, avant de planter, on a dû défoncer et remplir la fosse au niveau du sol, suivant la méthode prescrite à l'article du défoncement.

Quoique les pommiers viennent plus facilement, et qu'ils soient plus aisés à conduire que les poiriers, je conseille néanmoins de donner la préférence à ces derniers, attendu que l'on peut presque toujours se procurer des pommes à peu de frais, tandis que les belles poires sont plus rares, surtout à l'arrière saison; ainsi il me paraît plus avantageux de planter des poiriers, et particulièrement ceux dont les fruits se gardent. Au surplus, les principes que je vais indiquer s'appliquent aux pommiers comme aux poiriers.

Il est très-essentiel, si l'on veut obtenir des arbres qui poussent bien et qui donnent promptement des fruits, de ne planter que des sujets, dont les greffes, faites sur *coignassier*, aient au moins trois ans : elles doivent s'élever à 4 ou 5 pieds, être bien garnies de branches et brindilles du bas en haut; il faut surtout qu'elles aient un beau chevelu de racines, et non pas seulement 2 ou 3 racines grosses et longues. Comme la plupart des planteurs n'élèvent pas d'arbres, ils s'en fournissent près des pépiniéristes. Si l'arbre à planter provient d'une pépinière éloignée, et qu'il soit hors de terre depuis 12 ou 15 jours, il faut, aussitôt son arrivée, mettre tremper ses racines pendant quelques heures dans un baquet rempli d'eau, et préférablement dans une mare à fumier : cette précaution fait renfler les racines desséchées et facilite la reprise. Toutes les racines saines devront être soigneusement conservées dans toute leur longueur : on retranchera celles qui seraient rompues ou éclatées à l'endroit où elles sont endommagées, et l'on rafraîchira légérement, avec la serpette, celles qui présenteraient quelques déchirures. C'est une pratique très-vicieuse que d'écourter les grosses racines sous le prétexte de leur faire pousser du chevelu; un arbre planté avec toutes ses racines, croîtra beaucoup plus vîte que celui auquel elles auraient été retranchées. On pose l'arbre à la place qui lui est destinée, en le maintenant perpendiculairement avec la main gauche, et de la droite on introduit entre les racines, de la terre très-ameublie et mêlée de terreau; de tems en tems on secoue légérement l'arbre pour qu'il ne reste pas de vide. Comme la terre s'affaisse d'environ un pouce par chaque pied de défoncement, et qu'il faut toujours que la greffe soit au-dessus du sol, on devra la tenir élevée d'autant de pouces qu'il y aura de pieds de défoncés, et même de deux ou trois pouces de plus. Cependant, si la fosse avait été préparée quelques mois avant la plantation, la terre se serait déjà affaissée, on pourrait alors tenir la greffe moins élevée. Il faut se garder de presser la terre avec les pieds; mais pour consolider l'arbre et hâter sa reprise, on versera lentement sur ses racines un arrosoir d'eau : on peut, pour passer l'hiver, buter l'arbre, et il n'y aurait pas d'inconvénient quand la greffe

4

serait enterrée jusqu'au printems ; je dis jusqu'au printems, parce que je suppose que la plantation a été faite en automne, c'est-à-dire en octobre ou dans le courant de novembre; cette époque est la plus favorable aux plantations, et les arbres reprennent mieux et font de plus belles pousses que ceux replantés au printems. Afin que le vent ne puisse ébranler le sujet planté, on fiche en terre un échalat de la manière indiquée à la *Pl.* II, *fig.* 2, et l'on y fixe l'arbre par un lien d'osier. J'ai reconnu qu'il était nuisible aux arbres de placer des tuteurs le long de leur tige, parce qu'ils y occasionnent souvent des déchirures et des chancres : ils sont d'ailleurs inutiles pour tenir un arbre perpendiculaire et droit, c'est la taille qui doit leur donner cette forme. Il n'y a rien à faire jusqu'au printems à l'arbre ainsi planté; mais à cette époque, que je nomme 1.re année, il exige d'être taillé.

Comme ce n'est plus la forme de quenouille que je donne à ces arbres, mais bien celle d'un **fuseau** allongé, ainsi qu'on peut le voir à la *Pl.* IV, *fig.* 1 et 2, dessinées sur l'un des arbres de mon jardin, et qui a huit ans de plantation, je ne me servirai, à l'avenir, pour désigner ces arbres, que du mot **Fuseau.** (1)

Taille de la 1.re année pour les Poiriers et Pommiers.

Je suppose que le sujet a été planté en automne, ainsi qu'il est indiqué au chapitre précédent; qu'il a trois ans de greffe, 4 à 5 pieds de hauteur, et qu'il est garni de branches dans toute sa longueur, *Pl.* II, *fig.* 1. Ces branches, dès la troisième année de la greffe, et qui est la première de la plantation dans nos jardins, se présentent sous différens aspects; les unes sont presque aussi grosses que le petit doigt, et longues de 10 à 15 pouces : je les taille dans le bas du *fuseau*, à environ deux pouces de long; vers le milieu du *fuseau*, je ne leur donne qu'un pouce, et dans le haut, une ou deux lignes : voir *Pl.* II, *fig.* 2. Je donne deux pouces de long aux branches du bas, parce que la sève se portant toujours dans la partie supérieure de l'arbre, il est nécessaire

(1) On pourrait craindre que des arbres aussi élevés ne soient ébranlés ou déracinés par le vent : ceux que je cultive y ont résisté jusqu'alors sans en éprouver aucun accident, et même les fruits qui se trouvaient à une grande élévation n'ont jamais été abattus, d'où je conclus que la forme de *Fuseau* donnant peu de développement aux branches, présente moins de résistance et protége ces arbres contre les grands vents.

de conserver dans le bas plusieurs yeux aux branches taillées pour l'y attirer et bien garnir l'arbre dans cette partie, dès les premières années. Par la même raison, je ne taille qu'à un pouce les bourgeons placés vers le milieu, la sève s'y portant plus abondamment que dans le bas; enfin je coupe à une ou deux lignes toutes les branches placées à l'extrémité supérieure, attendu que la sève y abondant avec force, fera éclore les sous-yeux de ces pousses retranchées, et donnera naissance à plusieurs petites branches. A l'égard des bourgeons de moindre force qui garnissent l'arbre, et qui se présentent sous la forme de brindilles, faciles a reconnaître d'après la description que j'en ai donnée plus haut, je retranche l'extrémité, et ne leur laisse que 3 ou 4 pouces de long. Ces petites branches précieuses, qui ont à-peu-près la grosseur d'un tuyau de plume, sont destinées à produire des lambourdes : voir *Pl.* II, *fig.* 2, B, B, B. Les petits bourgeons, qui n'ont que 6 lignes ou un pouce de long, et qui présentent des rides auxquelles on reconnait les lambourdes, je les conserve avec beaucoup de soin, car ce sont elles qui donneront les premiers fruits : voir *Pl* II, *fig.* 2, A, A, A, A, A. Enfin je réserve

le bourgeon le plus vertical et le plus vigoureux
à l'extrémité supérieure du fuseau, pour en
former le prolongement ; il doit être taillé
sur une longueur de deux à quatre pouces, suivant sa vigueur, sur l'œil le plus développé : si
le bourgeon penche à droite, il faut tailler sur
un œil placé à gauche; si au contraire la dévia-
tion du bourgeon était à gauche, il faudrait
tailler sur un œil à droite ; si ce bourgeon se
porte en avant, on taillera sur un œil opposé ;
enfin s'il penchait derrière, on devrait tailler
sur un œil placé en avant : voir *Pl.* II, *fig.* 1 et
2 , la taille du bourgeon de prolongement
marquée C.

Cette explication peut paraître minutieuse, je
ne sais même si je me suis fait comprendre. Je
la crois cependant très-essentielle, et c'est par ce
procédé répété chaque année , sur la branche
de prolongement, que l'on obtient des arbres
qui s'élèvent bien perpendiculairement et sans
tuteurs. Ce principe s'applique à la taille de toutes
les branches, afin de se procurer des arbres
réguliers et bien garnis du bas en haut dans
toutes leurs parties. La plupart des jardiniers ne
font aucune attention à la direction que prendront les branches provenant des yeux sur les-

quels ils ont taillé ; il en résulte une grande
défectuosité dans leurs quenouilles, que l'on voit
presque toujours pencher d'un côté, présenter
des parties trop touffues et d'autres vides. Il ne
faut pas faire la coupe trop près de l'œil sur le
bourgeon terminal, parce qu'il peut en résulter
son avortement ; alors celui placé immédiatement au-dessous se développe dans la direction
opposée à celle qu'il fallait obtenir : pour éviter
cet inconvénient, je taille ce bourgeon de prolongement à 6 ou 9 lignes au-dessus de l'œil ; il
s'y forme, il est vrai, un petit chicot ; mais je
le retranche l'année suivante, et la cicatrice se
ferme encore dans la même année. Cette taille
de 6 à 9 lignes ne doit s'appliquer qu'à la branche
de prolongement.

Maintenant que le *fuseau* est convenablement
taillé, il va pousser des bourgeons de tous ou de
presque tous les yeux conservés : les uns seront
vigoureux et atteindront de 8 à 12 pouces ; vers
le mois de mai, on les ébourgeonne en les coupant à moitié ou au deux tiers de leur longueur ;
les autres plus faibles seront taillés à deux ou
trois yeux au mois de septembre. On ne touchera
pas aux petits bourgeons qui n'ont que 10 ou
15 lignes. On a dû couper à 2 ou 3 lignes tous

les scions qui se trouvaient à l'extrémité de
l'arbre, à l'exception de celui destiné au prolongement qui a été taillé de 2 à 4 pouces de
longueur. Malgré la suppression de ces bourgeons, il arrive souvent qu'il en pousse plusieurs
de très-vigoureux à la partie supérieure; beaucoup de jardiniers ne les retranchent que l'année
suivante; il résulte de cette manière d'opérer,
que la sève qui a servi à nourrir ces bourgeons
est perdue, tandis qu'on aurait pu la diriger
dans celui qui est destiné au prolongement du
fuseau. Il faut, en conséquence, si, au printems,
il se développe dans cette partie de l'arbre quelques bourgeons qui présentent l'apparence d'une
grande vigueur, pincer leur extrémité dès qu'ils
ont deux ou trois pouces de long, et renouveler
ce pincement différentes fois durant le tems de
la sève. Par cette opération, que je réitère plusieurs années de suite sur le même arbre, j'obtiens
des branches de prolongement d'une belle végétation, qui ont de 5 à 6 pieds, et qui me mettent
à même de former promptement mes *fuseaux*,
en leur donnant une taille de plusieurs pieds
chaque année. On conçoit qu'au moyen du
pincement des bourgeons inutiles, on empêche
la sève de s'y porter et qu'elle profite d'autant à

la tige et aux branches qui doivent être conservées. Les pousses ébourgeonnées au printems, et
qui auraient poussé de nouveaux scions, le seront
encore une fois entre les deux sèves, vers la fin
d'août : on les ravale sur l'œil le plus voisin du
premier ébourgeonnement. Pendant les sécheresses de l'été on arrose une ou deux fois par
semaine les arbres nouvellement plantés.

Taille de la 2.ᵉ année, Pl. III *, fig.* 2.

Les bourgeons qui ont poussé la 1.ʳᵉ année ,
soit des branches, soit du corps de l'arbre, ont
dû être ébourgeonnés une ou deux fois dans le
courant de cette même année ; il faut, au printems suivant, à l'époque de la taille, les raccour-
cir en les ravalant à deux ou trois yeux plus ou
moins , en suivant les proportions nécessaires
pour donner, dès les premières années, aux
jeunes sujets la forme de *fuseau*, indiquée à la
page 11 , *Pl.* IV. On continuera à conserver,
sans les casser, tous les jeunes bourgeons qui
se présenteraient sous la forme de lambourdes,
que l'on nomme aussi *bourses à fruits*, *Pl.* III ,
fig. 2, A, A, A, A, A. On les reconnaîtra facilement
en relisant la description que j'en ai donnée,
page 30, *Pl.* I , c. D, E, F, G. Les brindilles, aussi

décrites dans la page précédente, seront seulement cassées par le bout ou appliquées le long de la tige avec un lien, *Pl.* III, *fig.* 2, B, B, B. Enfin, si dans le nombre des branches, quelques-unes avaient poussé avec beaucoup de vigueur, et qu'elles fissent craindre de les voir dominer sur les autres, au lieu de les tailler à deux ou trois yeux, comme cela est indiqué, on les couperait près de leur sortie à une ligne ou deux de longueur; alors la sève arrêtée, ne trouvant plus de couloirs, et forcée de s'infiltrer dans les sous-yeux, y donnerait naissance à nombre de petites branches qui remplaceraient avantageusement celles trop fortes qui auraient poussé des trois yeux que l'on aurait conservés : par cette taille répétée chaque fois qu'elle est nécessaire, on est certain d'obtenir de l'égalité dans toutes les branches latérales de l'arbre. Il faut continuer à couper très-courtes les branches de l'extrémité supérieure, pincer et ébourgeonner les pousses qu'elles produiront, ainsi qu'il a été dit pour la première année. Il faut bien se persuader que la sève tend toujours à se porter vers la ligne perpendiculaire : c'est au jardinier à l'arrêter par les moyens indiqués, pour la faire refluer dans les branches latérales et conserver la végétation de celles inférieures. Il reste maintenant à tailler la branche qui a poussé à l'extrémité, et qui est destinée à continuer le *fuseau*. Il est rare qu'elle s'allonge beaucoup la première année de la plantation ; alors on ne lui donne que deux ou trois pouces de taille ; si au contraire elle avait fait une pousse de 2 à 3 pieds, on la taillerait à 6 ou 8 pouces : c'est assez long pour cette 2.me taille. Si le bourgeon de la branche de prolongement, déviait de la ligne verticale, il faudrait fixer au corps de l'arbre, une baguette à œillets, de 2 ou 3 pieds de long, que l'on attacherait avec de l'osier ; elle servirait de tuteur pour redresser la branche déviée et lui rendre une bonne direction. A l'égard des branches latérales, il ne faut pas perdre de vue, en les taillant, que l'œil sur lequel on taille doit toujours être du côté le plus dégarni, pour remplir les vides, autant que possible. Cet arbre sera ébourgeonné comme l'année précédente et arrosé pendant les sécheresses.

Taille de la 3.me *année.*

La taille de la 3.me année se fait d'après les mêmes principes que celle pratiquée pendant la 2.me année, tant pour la taille que pour l'ébourgeonnement; les branches latérales ne devront avoir qu'environ 4 pouces de longueur, de chaque côté de la tige et dans son plus grand diamètre : elles doivent aller en diminuant jusqu'à la branche de prolongement. Cette branche, qui est à sa deuxième pousse, a dû croître de 3 ou 4 pieds; si elle est de la grosseur d'un doigt, on ne la ravalera qu'à moitié de sa longueur; si au contraire sa pousse était maigre et fluette, il faudrait la rabattre à 3 ou 4 yeux.

Les tailles et ébourgeonnemens des 4.ᵉ, 5.ᵉ et 6.ᵉ années, sont les mêmes que pour les années précédentes, ayant attention d'allonger progressivement toutes les branches latérales : elles diffèrent seulement dans la longueur à donner à la branche de prolongement, qui doit toujours être taillée proportionnellement à la vigueur de ses pousses. J'ai des Fuseaux qui, après trois ans de plantation, me donnaient des scions tellement vigoureux, que je les taillais à 3 pieds; et lorsqu'ils poussaient l'année suivante avec la même vigueur, je les taillais encore à 2 ou 3 pieds, et par cette taille allongée, j'obtenais des arbres qui avaient 15 à 18 pieds à l'âge de huit ans. Si, après avoir taillé la branche de prolongement à 3 pieds ou plus, elle ne donnait, pendant l'année, qu'un faible bourgeon à son extrémité, et si les yeux placés le long de cette branche ne poussaient que médiocrement, ce serait une preuve que l'on aurait taillé trop long; alors, à la taille du printems suivant, il faudrait ravaler cette faible pousse du bourgeon terminal à deux ou trois yeux; il est certain que si l'arbre est bien portant, il produira cette année un bourgeon vigoureux, et que les yeux de l'année précédente se développeront convenablement.

Un arbre en *fuseau* bien planté et conduit d'après les principes ci-dessus, doit commencer à donner des fruits à 6 ans, avoir au moins 12 pieds de hauteur, un pied de diamètre, y compris les pousses latérales, et être bien garni, dans toutes ses parties, de branches qui iront en diminuaut jusqu'à son extrémité. Cependant, si les tailles de la branche principale avaient été fortement allongées pour élever promptement le *fuseau*, et qu'il s'y trouvât des lacunes dépourvues de branches, je fais, à la quatrième ou cinquième année de la plantation, et au commencement de la sève, une incision annulaire *au-dessus* de la place où manquent les branches, et je suis presque certain qu'il en poussera immédiatement *au-dessous* de l'incision, particu-

lièrement sur les pommiers; mais si, par cette
incision, on n'obtenait pas sur tous les sujets de
poiriers, les branches qu'il faut pour garnir la
place vide, on est assuré que cette opération
ralentirait l'ascension de la sève, la ferait refluer
dans les branches les plus voisines et qu'elles
croîtraient avec force; alors on taillerait une de
ces branches à trois ou quatre yeux qui produi-
raient plusieurs bourgeons, on en choisirait un
ou deux des plus forts et des mieux placés pour,
avec un lien d'osier, les rapprocher de la tige
dépourvue de branches, et par ce moyen la garnir. Lorsque l'arbre est couvert de ses feuilles,
cette petite défectuosité de la branche placée le
long de la tige, ne s'aperçoit pas. Il est rare que
l'on soit obligé de recourir à ce moyen, parce
que l'incision m'a toujours procuré des branches
où elles étaient nécessaires.

Cette opération, ainsi que je le dis à l'article
où je traite de l'incision, peut se répéter plusieurs fois sur le même arbre, et d'année en
année, sans qu'il en souffre, si toutefois il est
jeune, vigoureux et bien portant. Elle procure
non seulement des branches où l'on en désire,
mais hâte encore l'époque de la fructification
dans la partie supérieure à l'incision. Je me sers

encore de l'incision quand la sève se porte avec trop de force dans la partie supérieure aux dépens des branches inférieures; je fais une incision là où je pense qu'il faut diminuer l'action de la sève, et je conserve à mon *fuseau* la juste proportion de sa tige qui, depuis sa naissance, doit toujours aller en diminuant jusqu'à son extrémité.

Maintenant que le *fuseau* a six ou sept ans, et qu'il est pour ainsi dire formé, il ne faut pas lui permettre, dans les années suivantes, de dépasser le diamètre de 15 pouces, mesuré après la taille du printems. Pour y parvenir, on ravalera chaque année, lors de cette taille, tous les bourgeons de l'année précédente, le plus près possible de leur naissance. Cette taille très-écourtée fait sortir, des bourgeons environnans et même du vieux bois, nombre de petites pousses qui sont des lambourdes, des brindilles et des branches à bois; on conserve celles des deux premières sortes, et l'on ébourgeonne les autres à l'époque indiquée. Si, sur une branche un peu forte, il ne se trouvait qu'une ou deux lambourdes ou brindilles, il ne faudrait pas, lors de la taille du printems ou de l'ébourgeonnement d'été, ravaler trop bas le ou les bourgeons à bois qui auraient poussé de l'extrémité de cette branche, parce que la sève, habituée à s'y porter, ne trouvant plus d'écoulement, s'infiltrerait dans les brindilles ou lambourdes, et les transformerait en branches à bois. On attend alors, pour retrancher ces bourgeons conservés et taillés à deux ou trois pouces lors de la taille, que le fort de la sève soit passé, et on ne les coupe que vers la fin de mai. L'ébourgeonnement doit se différer dans la même proportion.

Si une ou plusieurs branches s'emportaient ou faisaient craindre que leur croissance ne fût trop forte, relativement aux autres branches, on l'arrêterait par une incision faite au printems dans le bas de cette branche. Quand, par une taille négligée, on a laissé pousser plusieurs branches serrées les unes contre les autres, et qu'il se trouve des places vides à leur proximité, on fixe ou on détourne, avec un lien d'osier, à la place ou du côté dégarni, l'une de ces branches trop serrées, et au bout d'un an ou deux, cette branche contournée ayant pris une nouvelle direction, n'a plus besoin d'être maintenue : par ce moyen on peut réparer les fautes que l'impéritie de beaucoup de jardiniers leur fait commettre journellement.

Moyens à employer pour mettre les arbres à fruits.

Il est des arbres qui ont une telle végétation, qu'ils ne produisent que des branches-à-bois, ou dont les lambourdes et les brindilles s'allongent et donnent aussi des branches à bois. Pour diminuer la trop grande sève de ces arbres et les mettre à fruit, on emploie plusieurs moyens : il faut d'abord, pour les tailler, attendre qu'ils soient en fleurs ; et lors de l'ébourgeonnement, on cassera les pousses au lieu de les tailler ; il faut répéter cette opération deux années de suite, et si les arbres ne se mettaient pas à fruit, on ferait au printems une incision au bas de l'arbre, un peu au-dessus de la greffe ; on en pratiquerait aussi aux branches avec le Bagueur : on peut encore renouveler ces incisions l'année suivante. Si, malgré cela, l'arbre rebelle ne donnait que des branches à bois, il faudrait lui retrancher un tiers ou moitié de ses racines, alors il se couvrirait infailliblement de fruits. Un jardinier que j'avais chargé de faire ce retranchement sur un des arbres de mon jardin, qui n'avait encore rien produit quoiqu'il eut dix ans, a tellement écourté ses racines, que les bourgeons qu'il présente cette année, sont tous des lambourdes et des boutons à fruits. Quand des arbres ne poussent que des boutons de cette sorte, il faut avoir l'attention d'y laisser peu de fruits, et de tailler quelques-uns de ces boutons sur les yeux les plus rapprochés de la tige, pour les forcer à produire des branches-à-bois qui sont indispensables pour la conservation de la santé et de la vigueur des arbres.

De la Transplation des Arbres.

Il est quelques jardiniers qui, pour mettre à fruit les arbres, les déplantent pour être replantés de suite à la même place ; ce moyen ne doit être employé qu'après avoir mis en usage ceux indiqués plus haut. Mais il arrive quelques fois qu'un arbre meurt dans un lieu où il laisse un vide désagréable ; afin de pouvoir le remplacer tout de suite, on doit avoir en pépinière des arbres de mêmes formes et de différens âges ; on en choisit un pareil à-peu-près à celui qui est mort, et, à la plantation d'automne, on le *transplante* avec les précautions suivantes. Il faut creuser autour de l'arbre à replanter, une tranchée de 2 pieds de large sur 3 de profondeur, couper les racines le moins possible et laisser une motte de terre

5

sans l'ébranler. Si on a eu la précaution de
beaucoup arroser cet arbre, quelques jours
avant sa transplantation, les terres seront plus
adhérentes aux racines; quand il est ainsi dé-
chaussé, on entoure la motte de gros liens faits
avec de la paille longue. On se sert de la serpette pour couper, en dessous de la motte, les
racines qui tiendraient encore l'arbre fixé au
sol; ensuite on attache avec des cordes, à l'endroit de la greffe, deux perches longues : deux
ou quatre hommes, suivant la pesanteur de
l'arbre, l'enlèvent et le transportent, sans
secousse, dans la fosse préparée pour le rece-
voir. Après l'avoir mis en place; on le recouvre
de bonne terre et on l'arrose largement pendant
plusieurs jours. J'en ai transplanté cinq, il y a
deux ans, suivant cette méthode, dans le courant de septembre; ils étaient couverts de
feuilles et de fruits, la verdure ne s'est point
fanée, les fruits ont atteint leur parfaite maturité, et ils continuent à bien pousser; ces arbres
étaient âgés de neuf ans et taillés en *fuseau*.
Il faut, après leur transplantation, et au printems suivant, les tailler courts en ravalant les
branches sur des yeux inférieurs, leur laisser
porter peu de fruits pendant deux ans, et les
arroser lors des grandes sécheresses.

Souvent des arbres en *Fuseau* ou en *Quenouille* ne commencent à produire des fruits qu'après cinq ou six ans de plantation (plus un arbre est vigoureux plus il est tardif à donner du fruit) ; il se trouve quelques fois qu'il est de mauvaise qualité ou ne convient pas. (1) Au lieu d'arracher cet arbre et d'en replanter un autre, je le greffe en fente au printems, et j'en ai plusieurs qui, à la quatrième année de greffe, avaient atteint 12 pieds, étaient bien garnis dans toutes leurs parties et commençaient à donner des fruits.

Il y a encore quelques principes généraux et communs à tous les arbres que je crois devoir

_____

(1) Beaucoup de Pépiniéristes, occupés de travaux plus importans, laissent à leurs jardiniers le soin de l'expédition des jeunes arbres fruitiers ; ces derniers, peu soigneux de bien étiqueter les espèces, envoient rarement avec exactitude celles demandées : il arrive qu'après avoir donné des soins à un arbre pendant plusieurs années, au lieu d'un fruit fondant ou de garde que l'on croyait obtenir, il ne produit qu'un fruit précoce, ou de mauvaise qualité. Cela m'est arrivé différentes fois. Il n'est pas donné à tous ceux qui cultivent de reconnaître toutes les espèces à la feuille ou à l'écorce. Je dois cependant rendre justice au nommé *Forêt*, pépiniériste à Villejuif, près Paris, qui, sur 7 à 800 sujets expédiés d'après mes demandes, a fourni les espèces désignées.

indiquer. 1.° Au printems et avant la floraison, il faut bêcher la terre autour des arbres pour l'ouvrir aux influences bienfaisantes du soleil; mais on doit faire ce labour avec beaucoup de précautions et à très-peu de profondeur lorsque l'on approche de la tige de l'arbre, afin de ne pas couper les jeunes racines qui croissent presque à la superficie; 2.° pendant les grandes sécheresses, arroser le soir la tige et les feuilles des arbres tant en *fuseau* qu'en espalier : pour cela on se sert d'un arrosoir à pomme ou d'une petite pompe foulante, qui peut lancer l'eau à une grande hauteur; rien n'est plus favorable pour leur conserver la santé et se procurer de beaux fruits; 3.° pendant les belles journées d'hiver ou de printems, on doit visiter soigneusement les arbres, enlever les nids et les bagues de chenilles, la mousse et toutes les petites aspérités qui se trouvent à l'aisselle des branches et boutons, et particulièrement sur les lambourdes; la plupart contiennent des vers : on les débarrassera aussi des écorces mortes ou gercées qui servent de refuge à d'autres insectes; 4.° il est nécessaire de ne laisser sur un arbre que la quantité de fruits qu'il peut porter sans le fatiguer : ils seront plus beaux et meilleurs : l'arbre non épuisé par une trop forte récolte, en produira toutes les années. En 1832 le choléra désolait notre pays; plus occupé de ses funestes effets et des soins à donner à une personne de ma famille, atteinte de cette maladie, que de cultiver mon jardin, je négligeai de décharger mes arbres de la quantité de fruits dont ils étaient couverts; elle était telle, que l'on apercevait à peine les feuilles qui se trouvaient pour ainsi dire cachées sous la masse des fruits; aussi, les deux années suivantes, ces arbres n'en ont que médiocrement produit. Cette observation s'applique, sans exception, à tous les fruits, soit à pépins ou à noyaux et surtout aux raisins. Il est prouvé que la trop grande abondance nuit à la qualité, ne donne que de petits fruits, épuise l'arbre et prive de récolte pendant deux ou trois ans.

On conçoit que malgré la prolixité de ces détails, il en est encore beaucoup qu'il serait trop long de mentionner. C'est donc à l'intelligence du cultivateur de suppléer à tous les cas imprévus; mais avec un peu d'attention et deux ou trois années de pratique, il pourra donner lui-même une bonne direction à ses arbres ou surveiller les travaux de ses jardiniers.

Lorsque l'on plante des Poiriers pour leur donner la forme de *quenouille* ou de *fuseau*, il ne suffit pas d'obtenir de beaux arbres, on a encore le désir qu'ils se couvrent de fruits chaque année; mais comme beaucoup de poiriers ne portent pas quand ils sont soumis à cette forme, je crois utile d'indiquer ceux qui réussissent le mieux et auxquels on doit accorder la préférence, attendu que pour les autres espèces, on peut les mettre en espalier ou en plein vent.

Doyenné blanc, fruit gros, arrondi, jaune fondant, très-sucré à l'exposition du midi, fade et pâteux au couchant et au nord; mûrit dans le courant de septembre, se met promptement à fruit.

Beurré gris, fruit gros, vert, gris ou rouge selon l'exposition, chair fondante, relevée, excellente; mûrit fin septembre, se met promptement à fruit.

Beurré doré, le même que ci-dessus, mais plus rouge.

Doyenné gris, ou doyenné d'automne, de moyenne grosseur, chair fondante, sucrée et parfumée, ne devenant jamais pâteuse; mûrit au commencement d'octobre, les expositions du levant et du couchant sont les plus favorables.

Duchesse d'Angoulême, fruit ayant la forme d'un doyenné, mais beaucoup plus gros, chair fondante, vineuse; mûrit fin d'octobre, arbre très-productif.

Passe Colmar, fruit gros, de forme allongée, chair succulente, fondante, beurré très-sucré; mûrit en décembre et janvier, arbre très-productif. Ses fruits viennent en bouquets.

Jaminette ou Poire d'Austrasie; Poire Sabine, fruit très-gros, arrondi, chair fondante et assez sucrée; mûrit en novembre, décembre et janvier; arbre très-vigoureux qui donne de beaux fruits.

Beurré d'Aremberg, l'un des plus gros beurrés et de couleur verte, jaunissant à la maturité, à chair blanche, très-fine, fondante, parfumée, très-relevée et jamais pierreuse. On regarde cette poire comme la meilleure que l'on connaisse; elle mûrit en novembre, décembre et janvier, l'arbre est très-vigoureux, réussit en plein vent, en espalier, très-bien en fuseau, et donne beaucoup de fruits.

Saint-Germain, fruit assez gros, chair fondante, aqueuse et très-agréable; mûrit en novembre et se conserve jusqu'en mars.

SAINT-GERMAIN à fruit strié de jaune ; il a les mêmes qualités que le St-Germain ordinaire et mûrit aux mêmes époques.

POIRE DUMAS, ce fruit a aussi les mêmes qualités que celui ci-dessus, mais il n'est pas pierreux ; mûrit de novembre en février.

LOUISE BONNE, fruit moyen pyramidal, d'un vert pâle, chair demi-fondante et agréable lorsqu'elle est parfumée ; mûrit en décembre.

BERGAMOTTE DE PAQUES, fruit assez gros, chair fondante, un peu acide ; mûrit de janvier en avril.

ANGÉLIQUE DE BORDEAUX, fruit très-gros, chair douce, demi fondante, légèrement sucrée ; mûrit en janvier.

DOYENNÉ D'HIVER, ou Bergamotte de Pentecôte, fruit moyen, semblable au doyenné d'automne, chair fondante, excellente ; ce fruit est très-précieux, en ce qu'il se conserve jusqu'en mai, l'arbre est vigoureux, vient bien en fuseau et produit beaucoup.

DE
LA CULTURE DU PÊCHER.

Je vais indiquer la taille du *Pêcher* d'après les principes suivis à Montreuil ; je pense qu'ils sont les plus convenables pour former ce bel arbre, qui orne si bien nos jardins lorsqu'il est conduit par une main exercée. Mais on ne peut parvenir à diriger sa végétation capricieuse qu'après s'être bien pénétré des préceptes clairement décrits par nombre de bons auteurs, et qui se trouvent détaillés d'une manière spéciale dans le manuel complet du jardinier, de M. Noisette. Il ne suffit pas d'avoir lu une ou plusieurs fois ces préceptes ; il faut encore, par une pratique de plusieurs années, apprendre à en faire une application judicieuse.

Je n'ai pas la prétention, comme je l'ai déjà exprimé, de mieux faire que les savans et laborieux horticulteurs qui cultivent cet arbre ; je ne viens point non plus introduire des innovations inattendues, et je crois que presque tout a été dit sur la culture du pêcher, depuis Laquintinie jusqu'à ce jour. Cependant, malgré la multitude des traités on peut voir que cet arbre, la plupart du tems mal taillé par les jardiniers, ne présente presque partout qu'une végétation chétive et une forme défectueuse. Je crois d'après cela que l'on ne peut trop multiplier les bonnes méthodes, et cette considération me détermine à tracer ici les principes que j'ai reconnus les meilleurs, en y ajoutant les observations qui sont le fruit de mon expérience, ainsi que je l'ai fait pour la culture du poirier.

CHAPITRE I.er

De la forme à donner au Pêcher, et de ses diverses sortes de branches.

A la première taille, on retranche au Pêcher le canal vertical de la sève en coupant la tige à quelques pouces au-dessus de la greffe. La sève reflue dans les yeux conservés et donne naissance à plusieurs bourgeons; on en choisit un à droite et un à gauche, des plus vigoureux et des mieux placés, pour former les deux branches principales, que l'on nomme *branches mères* (*a*, *a*, *Pl.* V, *fig.* 7). Ces branches mères seront taillées de manière à produire chaque année d'autres branches à bois; celles placées *en-dessous* prennent le nom de *membres inférieurs*, et doivent être espacées de vingt-quatre à trente pouces (voir *b*, *d*, *f*, *fig.* 7); et l'on donne le nom de *membres supérieurs* aux branches qui croissent *en-dessus* (voir *c*, *e*, *fig.* 7) (1) : elles seront aussi espacées que les précédentes. Telle est la charpente du pêcher: ces deux sortes de branches, qui viennent d'être décrites, se nomment branches à bois, et en produiront d'autres destinées à porter des fruits. Celles-ci sont de quatre espèces ; les premières ont dans toute leur longueur des boutons à bois, dont chacun est placé entre deux boutons à fruits; elles sont de la grosseur d'une forte plume à écrire et acquièrent une croissance de quinze à vingt pouces ; les deuxièmes, garnies de boutons à bois dont chacun est accompagné d'un seul bouton à fruit, s'allongent de dix à douze pouces, et sont un peu moins fortes que les premières ; les troisièmes, de la grosseur d'une plume de corbeau, n'ayant que des boutons à fruit de chaque côté de la branche ; enfin les quatrièmes, placées en angle droit sur les autres branches,

---

(1) Les dessins de cette planche ne sont point parfaitement symétriques, je préfère les donner avec les incorrections et les inégalités qui se produisent le plus souvent sur le pêcher le mieux dirigé. On verra par la figure 7, que les défectuosités disparaissent chaque année, lorsque l'arbre grossit, et qu'à 6 ans les coudes que l'on n'a pu éviter se trouvent redressés par un bon palissage.

forment un petit bouquet de fleurs de deux ou trois pouces, terminé par une touffe de feuilles. Ce sont là les différentes sortes de branches qui garnissent le Pêcher, et qu'il faut bien connaître pour les tailler convenablement et avec promptitude.

Plantation du Pêcher.

La saison la plus favorable à la plantation du Pêcher est l'automne, dans le courant de novembre, avant les gelées. On a dû défoncer et remplir la fosse de terres préparées ainsi qu'il est indiqué au chapitre I.er, pages 20 et 21. Il faut choisir un emplacement contre un mur situé au midi ou au levant, cette dernière exposition est la meilleure, le pêcher est moins sujet à être brûlé par l'ardeur du soleil, et sa vie s'y prolonge plus long-tems. Si le mur n'a que 7 à 8 pieds de hauteur, on espacera les pêchers greffés sur amandiers à 25 ou 30 pieds; et à 18 ou 20 pieds au plus, s'ils le sont sur prunier : dans le cas où le mur a 15 à 18 pieds de haut, on peut placer un abricotier à haute tige entre deux pêchers ; je préfère planter ceux greffés sur amandier, parce qu'ils ont une plus forte végétation que ceux greffés sur prunier, et forment de plus beaux arbres : il ne faut employer ces derniers que dans des terrains où la terre végétale a peu de profondeur et que l'on ne veut point défoncer. Le sujet à planter ne doit avoir qu'une seule tige, dont les yeux inférieurs soient bien formés : la greffe n'aura pas plus d'un an, et l'on rejetera les sujets qui auraient été *rebottés*, ce sont des greffes qui, ayant fait une pousse faible la première année, ont été coupées à un œil, afin d'obtenir une plus forte pousse l'année suivante : ils ne réussissent jamais bien. On visitera attentivement les racines pour retrancher celles qui se trouveraient brisées ou froissées. En plantant un sujet, on éloignera le collet de la racine de huit à dix pouces du mur, on inclinera vers ce mur le haut de la tige ; il faut tenir la greffe à trois ou quatre pouces *au-dessus* du sol : on aura surtout l'attention que les racines soient, autant que possible, distribuées également. Si elles se trouvaient beaucoup plus nombreuses d'un côté que de l'autre, la sève se porterait avec trop d'abondance de ce même côté et on rencontrerait ensuite beaucoup de difficultés pour donner à cet arbre la forme régulière qui en fait la beauté. Cette planta-

tion doit se faire avec les précautions indiquées à l'article des arbres en fuseau ; bien
émier la terre afin qu'elle pénètre entre les
racines, et surtout ne point la tasser avec les
pieds autour du jeune plan : ce travail terminé,
il est nécessaire de verser un arrosoir d'eau
sur le sujet, pour resserrer les terres. Là se
bornent les travaux jusqu'au printems.

Taille de la première année.

Après les gelées passées, on taillera la tige
de six à dix pouces au-dessus de la greffe
(*Pl.* V, *fig.* 1, *a*), de manière à ce qu'il reste
au moins deux bons yeux de chaque côté pour
former les deux mères branches.

Il arrive quelques fois que les pépiniéristes
envoient des sujets dont presque tous les yeux
se sont développés la première année de la
greffe, et ont formé des branches depuis le
haut jusqu'en bas, en sorte qu'il ne reste plus
à droite ni à gauche aucun œil dormant. Dans
ce cas, on coupe ces branches ou bourgeons
avec un instrument bien tranchant, ayant
attention de ne point endommager le petit
bourrelet qui se trouve à leur bâse, parce que
c'est de ce bourrelet que sortiront les nouvelles

branches nécessaires à la formation de l'arbre.

On supprimera entièrement les yeux qui se trouveraient devant et derrière la tige. Lorsque les nouveaux bourgeons des côtés seront développés, et qu'ils auront atteint un pied ou quinze pouces, on en choisira deux, les mieux placés, afin d'en former les deux *branches mères* (*a*, *a*, *fig.* 2) : on les palissera dans la forme indiquée, sans les approcher du mur, mais seulement pour les empêcher d'être rompues par le vent. On palissera horizontalement les autres bourgeons : il faut veiller avec toute l'attention possible, pendant l'année, pour conserver l'équilibre de la végétation entre ces deux bourgeons *a*, *a*. Si l'un poussait avec plus de force que l'autre, il serait nécessaire de l'abaisser dans une position plus horizontale ; de redresser l'autre et de l'amener en avant en le fixant contre un tuteur : aussitôt que l'équilibre sera rétabli entre ces bourgeons, on les palissera également. Si malgré l'inclinaison du bourgeon le plus vigoureux, il continuait à dominer l'autre, il faudrait en pincer l'extrémité, et, au besoin, lui retrancher un cinquième de sa longueur.

Il est extrêmement important de maintenir

une égalité parfaite entre les deux branches
mères, et si on laissait l'un des côtés s'em-
porter, il serait presqu'impossible de rétablir
plus tard cette égalité. Comme l'équilibre de
la végétation peut s'obtenir par les moyens
indiqués ci-devant, c'est presque toujours de
la faute du jardinier, si l'on voit la plupart
des pêchers se porter d'un côté et se dégarnir
de l'autre. En palissant les deux branches mères
dans la forme d'un V, il ne faut nullement
es courber; elles doivent s'étendre en ligne
directe chaque année; et si elles n'avaient
point assez de force pour se maintenir dans
cette position, on fixerait le long de ces
branches, une baguette à œillet qui leur servirait de tuteur. Les soins à donner à cet arbre
pendant l'année, consistent à l'arroser durant
les sécheresses, tant sur les feuilles que sur la
terre, et à détruire tous les insectes qui pourraient attaquer les bourgeons.

Il est essentiel aussi, dans les premières années
de sa plantation, de placer devant sa tige une
petite planche pendant les grandes chaleurs
afin de la garantir de l'ardeur du soleil : cette
précaution est particulièrement nécessaire pour
les pêchers plantés contre un mur à l'expo-

sition du midi. On pourra mettre au pied de l'arbre du crottin de cheval à l'épaisseur de trois ou quatre pouces ; il empêche la terre de se dessécher et maintient l'humidité après les arrosemens.

On ne doit cultiver aucune plante vorace à proximité des pêchers, et ne point planter de légumes dans les plates-bandes : il faut aussi abattre les arbres trop rapprochés qui pourraient leur dérober les rayons du soleil, et les priver des influences de l'air ; ces précautions sont indispensables pour obtenir de beaux sujets. Si la greffe, après avoir été taillée au printems de la première année, n'avait poussé qu'un seul bourgeon d'un côté, et que la partie opposée en fût dépourvue, on palisserait perpendiculairement ce bourgeon, et l'année suivante on le taillerait comme un arbre nouvellement planté, en suivant les principes indiqués pour la taille de la première année. La formation de l'arbre serait retardée; mais les pousses qu'il donnerait la deuxième année de sa plantation, seraient plus vigoureuses que celles que l'on obtient ordinairement la première. Il arrive aussi quelques fois, que l'un des deux bourgeons, conservés à la première taille pour former les deux branches mères, meurt pendant l'hiver; au primtems suivant, on redresse l'autre aussi verticalement que possible, en l'amenant par degré et en *plusieurs* fois à la ligne perpendiculaire, ensuite on le taille comme celui qui n'aurait poussé qu'une branche. Enfin si une branche d'un côté était beaucoup plus faible que l'autre, et que l'on eût peu d'espoir de rétablir l'équilibre, il faudrait la supprimer et tailler la branche conservée de la même manière que dans les deux cas indiqués ci-dessus.

Taille de la deuxième année.

Il faut cette année obtenir les deux *membres inférieurs* (*b, b, fig.* 3) et le prolongement des deux branches mères (*a, a, fig.* 3); pour cela, on taillera les deux branches mères (*a, a, fig.* 2), à quatre ou six pouces de la tige, comme il est indiqué (*b, b, fig.* 2.) Cette taille sera faite sur deux yeux dont l'un placé *devant* pour fournir le prolongement de la branche mère, et l'autre *en-dessous* et le plus près possible de ce dernier, pour avoir le membre inférieur. La Planche III, fig. 3, présente à la lettre (*a*) une coupe faite comme il est dit ci-dessus ; on voit que l'œil destiné à fournir le prolongement de la branche mère, est placé en avant, et celui qui donnera le membre inférieur se trouve immédiatement après et *en-dessous*.

Je pense que cet exemple, qui servira pour toutes les autres tailles, ne peut laisser aucun doute sur la manière d'opérer.

On ravale ensuite très-près des deux branches mères, l'extrémité de la tige que l'on a coupée l'année précédente ; on unit bien la plaie et on la couvre de cire à greffer (*c, Pl. V, fig.* 2).

Il est essentiel d'apporter beaucoup de soins, chaque année, au choix à faire sur les branches mères, des yeux les mieux placés et les plus développés, tant pour obtenir le prolongement de ces branches mères qui doivent être palissées telles qu'elles sont représentées (*Pl.* V, *fig.* 7), que pour se procurer les membres inférieurs et supérieurs qui seront placés à un pied ou quinze pouces de distance, et aussi parallèlement que possible ; c'est-à-dire que les membres supérieurs seront espacés de deux pieds à trente pouces, et que les membres inférieurs auront le même écartement, ainsi qu'on peut le voir par la figure ci-dessus.

Dès que les deux branches mères et les deux membres inférieurs auront atteint environ un pied, on les palissera lâchement dans la direction de la *fig. 3, a, a, b, b*. Beaucoup d'ouvrages qui traitent du pêcher conseillent de palisser presqu'horizontalement les membres inférieurs, en observant qu'il faut que les branches mères dominent les membres. J'ai reconnu que l'on ne doit pas craindre, pendant les deux ou trois premières années, de donner trop de force aux membres inférieurs ; au contraire il faut apporter tous ses soins à leur procurer une forte végétation, parce que la plupart des pêchers ont leurs membres inférieurs frêles et beaucoup moins forts que les membres supérieurs : d'ailleurs s'ils avaient l'apparence de prendre trop de croissance, on arrêterait cette croissance à volonté en les palissant horizontalement. Si à l'ébourgeonnement d'hiver, dont j'ai parlé, page 34, on avait négligé d'enlever les boutons qui se trouvent devant ou derrière les branches mères, on en pincerait l'extrémité douze ou quinze jours après leur sortie, et quelques jours ensuite on les couperait au rez du tronc. On palissera horizontalement les bourgeons laté-

raux qui pousseraient au-dessous des deux membres inférieurs, lorsqu'ils auront atteint environ
un pied : ceux qui se développeront sur la
branche mère au – dessous de la branche de
prolongement, et dont la position verticale
ferait craindre qu'ils ne vinssent trop forts,
seront palissés obliquement, et même on les
pincera une ou deux fois pendant leur végétation, s'il est nécessaire, pour les empêcher
de venir branches dominantes : il serait possible que ces branches portassent quelques
fruits la troisième année.

Au palissage, qui se fait, pour les arbres
nouvellement plantés, lorsque les bourgeons
ont un pied ou quinze pouces, on supprime
ceux qui ont poussé devant et derrière, on
en conserve cependant quelques uns à l'extrémité de ces branches, pour amuser la sève, et
on palisse ceux placés sur les côtés. Il faut
aussi maintenir l'équilibre relatif entre les
deux branches mères et les branches membres,
abaisser celles qui prennent trop de croissance, relever et éloigner même du treillage
les moins fortes. Si une de ces branches continuait à croître avec trop de vigueur, malgré
l'inclinaison qu'on lui aurait donnée, on en

pincerait l'extrémité; quand elles seront égales en force, on les palissera parallèlement : il faut chaque année arroser une ou deux fois par semaine pendant les sécheresses, suivant qu'elles sont plus ou moins prolongées.

Taille de la troisième année.

Je suppose que l'ébourgeonnement d'hiver, a dû être fait par une belle journée du mois de février, et je ne puis trop recommander cette importante opération, qui conserve la vigueur aux arbres et diminue de beaucoup le travail d'été; il faut, lorsque le pêcher commence à végéter, tailler les deux branches mères sur deux yeux, dont l'un placé devant, suivant la coupe (*c, c, Pl.* V, *fig.* 3) pour obtenir la continuation des deux branches mères (*a, a, fig.* 4); et l'autre placé immédiatement après celui-ci, mais sur le côté supérieur de cette branche mère, pour avoir les deux membres (*c, c, fig.* 4) voir aussi la coupe (*b, Pl.* III, *fig.* 3), qui présente l'œil en avant destiné à produire les branches de prolongement, et l'autre *en-dessus*, qui donnera un membre supérieur. Les deux membres inférieurs (*b, b, Pl.* V, *fig.* 3) seront taillés de six pouces à un pied

de long suivant leur force, comme il est indiqué à la coupe (*d, d, fig.* 3). Si l'un de
ces membres était plus fort que l'autre, on
l'allongerait à la taille pour l'affaiblir en lui
laissant un plus grand nombre de bourgeons
à nourrir, tandis que l'on taillerait plus court
le côté faible, dont la sève, concentrée dans
peu de bourgeons, produirait un scion plus
vigoureux : ce moyen doit être pratiqué *chaque
année*, tant pour les membres supérieurs que
pour les inférieurs, quand il y a nécessité;
mais on ne peut aussi facilement l'employer
sur les branches mères, dont les tailles doivent
être faites à distances égales, autant que possible, pour placer symétriquement les membres supérieurs et inférieurs : il faut donc,
lorsqu'une des deux branches mères prend plus
de croissance que l'autre, pincer une ou deux
fois son extrémité, l'incliner davantage et relever le côté faible. Je pense utile de consi-
gner ici une observation extrêmement importante et de laquelle on ne peut trop se pénétrer;
c'est que la sève tend toujours à suivre la ligne
verticale; ainsi on doit, par tous les moyens
indiqués, empêcher les branches montantes
de prendre la supériorité sur les branches des-

cendantes ou membres inférieurs : c'est là où
existe la plus grande difficulté et où échouent
la plupart des jardiniers, parce que les branches
montantes, qui se trouvent placées verticale-
lement sur les branches mères, croissent quelquefois avec tant de rapidité, que dans l'espace
d'un mois ou six semaines, si on a négligé
d'en modérer la sève, elles acquièrent plus
de force que la branche mère ; dans ce cas,
il faut retrancher un quart ou un cinquième
de la longueur de ces membres ; et si malgré
ce retranchement, elles avaient conservé leur
supériorité, il faudrait pratiquer à leur base,
au moment de la sève d'avril, une incision
annulaire d'une ligne et demie à deux lignes
suivant la force de la branche : il est nécessaire de visiter souvent la plaie que forme l'incision, et d'essuyer soigneusement la gomme
qui s'y porte : rien n'est plus favorable que
cette opération pour arrêter l'ardeur de la
sève ; elle est cependant proscrite sur les arbres
gommeux par beaucoup de bons auteurs, mais
qui n'ont peut-être pas observé ses résultats
par eux-mêmes et s'en sont rapportés au témoignage de leurs jardiniers. Je puis certifier
que depuis quinze ans que je l'emploie sur le

pêcher et sur l'abricotier, je ne lui ai reconnu
aucun inconvénient, et j'ai encore des pêchers,
dont les branches verticales ont été soumises
deux fois à cette incision, qui ne cessent de
donner des pousses nouvelles, une belle verdure et de beaux fruits. J'engage donc les
amateurs à réitérer cette expérience, s'ils en
trouvent l'occasion, afin de m'aider à détruire
des préventions qui, une fois accréditées par
des hommes dont le témoignage est très-in-
fluent, nuisent aux progrès de la culture. On
a donné le nom de *gourmand* à ces branches
qui croissent avec tant de rapidité ; mais je
pense que c'est une fausse dénomination : cette
grande vigueur de certaines branches n'est généralement produite que par leur position verticale; un jardinier instruit et attentif, qui sait
modérer cette trop forte végétation, en les pin-
çant souvent et en les inclinant, n'aura pas de
gourmands sur ses arbres ; ils sont le produit
de l'ignorance ou de la négligence.

Il faut cette année, comme les précédentes,
supprimer, lors de l'ébourgeonnement, les bourgeons qui auraient poussé devant les branches
mères et les membres, palisser ceux placés sur
les côtés, sans les forcer ni les croiser, tels

qu'ils sont représentés (*Pl.* V, *fig.* 7) ; s'il y
a confusion, on retranche les bourgeons superflus afin que chacun de ceux qui seront
conservés, puissent jouir de l'influence de l'air.
Les bourgeons inférieurs seront *toujours* palissés
plus tard que les supérieurs, pour faciliter leur
croissance.

Lorsqu'on a taillé sur un œil bien placé pour
obtenir le prolongement des branches mères
ou des membres, s'il arrivait que l'œil sur lequel on a taillé n'eût donné qu'une pousse
faible, mais qu'un bourgeon vigoureux se fût
développé au-dessous du premier, il faudrait
ravaler cette branche sur ce bourgeon, qui
deviendrait soit branche mère, soit membre,
suivant sa position. On voit d'après ce qui vient
d'être dit, qu'à l'ébourgeonnement d'hiver il
est nécessaire de conserver au moins deux yeux
en avant de la branche et à la place où on
devra la tailler, afin de pouvoir choisir le meilleur et le mieux développé au printems pour
former les branches mères et les membres.
En visitant ses arbres dans le courant de septembre, on peut déjà déterminer la place où
les branches seront taillées au printems suivant : si à cet endroit il ne se trouvait pas un

œil convenablement placé pour obtenir un
membre et conserver la symétrie nécesaire à
la formation d'un beau pêcher , il faudrait y
appliquer deux écussons à œil dormant, rapprochés l'un de l'autre , et qui auraient été
choisis sur l'arbre même; ils devront présenter
un bouton à bois bien nourri et bien mûr.
A l'époque de la taille , on choisira celui des
deux qui aurait le mieux réussi pour tailler
dessus. J'ai employé plusieurs fois ce moyen
avec succès.

Il est important, chaque fois que l'on taille
ou que l'on ébourgeonne , de ne faire aucune
plaie inutile ni écorchure , la gomme s'y porte,
et si on ne l'enlève, elle occasionne des chancres;
une feuille arrachée pendant que l'arbre est
fortement en sève , peut causer le même accident ; il faut, quand on aperçoit ces petits
chancres , les enlever jusqu'au vif, ou même
retrancher la branche attaquée si la maladie
avait déjà fait des progrès.

Taille de la quatrième année.

On taillera les deux branches mères (a , a ,
fig. 4) à la coupe marquée d, d, pour obtenir
le prolongement de ces deux branches et se

procurer les deux membres inférieurs (*d , d ,
fig.* 5). Les deux membres inférieurs *b , b ,* et
les deux membres supérieurs *c , c ,* seront taillés
du fort au faible, suivant leur croissance, c'est-
à-dire à l'endroit où le bois commence à diminuer , ainsi qu'il est indiqué à la figure 4.
Quelques fois, lorsque l'arbre est d'une nature
vigoureuse , et qu'il a été planté dans un bon
terrain , les branches mères s'allongent , les
quatrième et cinquième années , de six à sept
pieds de chaque côté ; dans ce cas , on peut,
pour accélérer la formation de l'arbre , choisir
un bourgeon supérieur ou inférieur convenablement placé sur chacune des deux branches
mères, qui produira, dans la même année, un
deuxième membre; afin de le fortifier, on pincera l'extrémité des bourgeons qui l'avoisinent,
et surtout ceux qui sont placés verticalement.
Tailler et palisser comme les années précédentes.

Taille de la cinquième année.

Il faut tailler les deux branches mères (*a , a ,
fig.* 5) à la coupe marquée *e , e ,* pour avoir la
continuation de ces deux branches et obtenir
les deux membres supérieurs (*e , e , fig.* 6). Tous

les autres membres seront taillés comme il est dit à la figure 5. Ebourgeonner et palisser aux époques indiquées.

Taille de la sixième année.

On taillera les deux branches mères (*a, a, fig.* 6) à la coupe marquée *f, f,* afin d'obtenir le prolongement de ces deux branches mères et les deux membres inférieurs (*f, f, fig.* 7). On continue, les années suivantes, à se procurer un membre supérieur et un membre inférieur alternativement. Il faut avoir attention qu'à cet âge, l'arbre commence à être formé et pousse moins vigoureusement. En conséquence, les branches mères et les membres devront être taillés plus courts, pour leur conserver la vigueur nécessaire à leur santé.

Si on avait taillé trop longs, au printems, soit les branches mères, soit les membres, on s'en apercevrait facilement pendant l'année, à la faiblesse des pousses et à leur peu de développement : il faudrait, l'année suivante, réparer cette faute en taillant très-court.

CHAPITRE II.

De la taille des branches à fruits. (1)

Je n'ai encore donné que les principes nécessaires à la formation du pêcher, c'est-à-dire à la construction de sa charpente, je vais maintenant indiquer les tailles, ébourgeonnemens et palissages qui se pratiquent, tant pour obtenir des fruits, que pour maintenir l'arbre dans un état de belle végétation et de santé.

La manière de tailler les branches à fruits que je vais décrire s'applique, non seulement aux pêchers élevés suivant la méthode prescrite

---

(1) On ne doit dans aucun cas se servir du sécateur pour tailler les branches à bois du pêcher ; mais si, pressé de travail et pour l'abréger, on voulait employer cet instrument pour la taille des branches à fruits, il faudrait avoir la précaution de tenir la lame du sécateur du côté de l'arbre parce que la pression que fait le croissant contre l'écorce au moment où l'on coupe la branche, ne porterait que sur la partie de cette branche qui sera retranchée. Il est nécessaire d'en agir ainsi chaque fois que l'on taille, afin de ne pas occasionner de meurtrissures à la portion de branche conservée.

au chapitre précédent, mais encore à tous les pêchers en espalier, quels que soient leur âge et leur forme : cependant s'ils sont déjà vieux, que leur taille ait été mal dirigée et que la plupart des branches, dégarnies de végétation, ne présentent de la verdure qu'aux extrémités, je conseille d'arracher ces arbres défectueux, ils ne pourront jamais être rétablis : en les remplaçant par de jeunes plants bien conduits, ils formeront de beaux espaliers dès l'âge de quatre ans.

Il faut, avant de procéder à la taille d'un arbre, le considérer attentivement dans toutes ses parties, remarquer les places où les branches sont trop abondantes et celles où il y a des vides ; il est bien aussi de le dépalisser pour faciliter l'opération.

On doit laisser peu de fruits les premières années de la plantation d'un pêcher : si on en agissait autrement, l'arbre épuisé par sa production ne donnerait que des pousses chétives ; il est en conséquence nécessaire de ne s'appliquer, pendant les quatre premières années, qu'à sa formation. A cet âge, il est déjà garni de ses branches mères et de plusieurs membres que l'on nomme branches à bois, parce qu'elles

prennent une grande croissance durant la
sève, et n'ont de boutons à fruit qu'à leur partie supérieure, que l'on est obligé de retrancher lors de la taille. C'est donc sur ces branches mères et sur ces membres que croissent
les branches à fruits ; elles sont de quatre sortes :
je les ai déjà décrites page 76 ; on les reconnaît facilement à leur couleur rouge, du côté
du soleil, et verte de l'autre. Les *premières*
ont un bouton à bois au milieu de deux
boutons à fruits (1), et les *deuxièmes* ont un
bouton à bois avec un seul bouton à fruit à
côté ; elles seront taillées suivant leur force : si
l'arbre est vigoureux et que ses branches à fruit
soient de la longueur de 15 à 20 pouces, et de
la grosseur d'une forte plume à écrire, on les
taillera à six ou huit yeux, sur un bouton qui
ne soit point attaqué par la gelée ; si, au contraire, l'arbre est faible, et que la branche soit
peu développée et seulement de la longueur
de 10 à 12 pouces, et de la force d'une petite

---

(1) Avec un peu de pratique on distingue les boutons à fruit dès
le mois d'août ; ils sont plus ronds et plus gros que ceux à bois ; ces
derniers sont pointus et plus allongés : on les reconnaît encore plus
aisément les uns et les autres à l'époque de la taille.

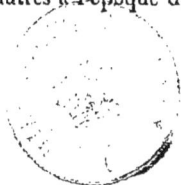

7

plume à écrire, elle ne sera taillée qu'à deux
ou trois yeux, au plus. Là où il y a plusieurs
branches à fruit, on peut en tailler une plus
longue pour obtenir plus de fruits, et la voisine
sera taillée très-courte afin de maintenir sa
vigueur. A la place dégarnie, on taille les branches qui s'y trouvent, sur un ou deux yeux qui
donneront de bonnes branches pour l'année
suivante. La *troisième* sorte de branche est celle
qui n'a que des boutons à fruits, et qui est
souvent terminée par un bouton à bois ; elle
doit être retranchée, ou si elle était nécessaire
pour garnir l'arbre, elle serait taillée sur l'œil
le plus bas de son point de départ, dans l'espoir d'en obtenir une branche plus forte. Enfin
la *quatrième* sorte de branche, qui a deux ou
trois pouces de long, présente plusieurs boutons à fruits surmontés d'un bouton à bois ; elle
sera précieusement conservée, parce que c'est
cette branche qui donne presque toujours les
plus belles pêches : comme elle ne produit
qu'une fois, on la retranche après la cueillette. J'ai dit que l'on supprimait la troisième
sorte de branches ; on peut cependant la
conserver dans les années où les gelées d'hiver
ont fait périr beaucoup de boutons à fruit ;

j'en ai eu qui m'ont produit de belles pêches, et qui néanmoins se trouvaient totalement dépourvues de boutons à bois ; dans tous les cas, il ne faut les laisser qu'à défaut d'autres bonnes branches.

On doit généralement tailler plus court les branches descendantes que les branches montantes, parce que la sève abonde davantage dans ces dernières. On nomme branches descendantes celles qui poussent au-dessous des membres inférieurs, voir (*b*, *d*, *f*, *Pl.* V, *fig.* 7).

Il est aussi essentiel de ne tailler qu'après les gelées passées et lorsque la végétation commence, afin de pouvoir distinguer les yeux qui n'ont point été attaqués par ces gelées et de ne conserver que ceux intacts.

De l'ébourgeonnement du Pêcher.

J'ai fait connaître la végétation des arbres à pépins, dont les boutons à fruits viennent plus particulièrement sur le vieux bois et sont trois ou quatre ans à se former ; les arbres à noyaux, surtout le pêcher, d'une nature bien différente, ne donnent des fruits que sur les jeunes pousses de l'année précédente ; d'après cela, il est nécessaire de conserver cet arbre constamment garni de jeunes branches, et l'art du jardinier consiste à lui en faire produire de nouvelles chaque année et le plus près possible des branches à bois. C'est par un ébourgeonnement judicieux que l'on peut parvenir à ce résultat; je vais tâcher d'expliquer comment on doit y procéder.

Il y a deux sortes d'ébourgeonnemens : celui d'hiver, qui consiste à enlever avec la serpette, pendant les belles journées de février, tous les boutons inutiles, qui se trouvent sur le devant et sur le derrière des branches mères et des membres; et celui d'été, qui se fait lorsque les plus forts bourgeons ont atteint dix à douze pouces de longueur. On retranche tous les scions qui ont poussé devant ou derrière les branches à bois, et l'on ne conserve, sur les côtés, que ceux qui pourront être palissés sans confusion. Il ne faut point toucher aux branches à fruits qu'après qu'ils sont noués et qu'ils ont atteint la grosseur d'une noix; à cette époque, on ravale la branche, sur le bourgeon où le fruit à noué; par exemple la branche (*c, Pl.* III, *fig.* 3) a été taillée au printems à cinq yeux, il n'y a noué que deux pêches, en conséquence cette branche sera ravalée au-dessus de la pêche placée à l'extrémité, on supprimera la branche *d* et l'on taillera les bourgeons *e* et *f*, à quatre feuilles au-dessus des deux pêches. La suppression de la branche *c* et *d* et le retranchement opéré sur celles *e*, *f*, fera refluer la sève dans la branche *g*, qui a été conservée à la partie inférieure, le plus près possible de la branche à bois : on la nomme branche de remplacement : les quatre feuilles laissées aux branches *e*, *f*, sont destinées à nourrir et abriter les deux pêches qui se trouvent au-dessous.

Je vais donner encore un exemple pour rendre plus sensible cette importante opération. J'ai coupé la branche (1, *Pl.* III, *fig.* 3) à cinq yeux, il n'a noué qu'une pêche au bas du bourgeon *l*, je retranche les bourgeons *h*, *i*, *k*, immédiatement au-dessus du bourgeon *l*, je coupe ce bourgeon à quatre feuilles au-dessus de la pêche, et je conserve la branche la plus basse, qui, d'après ces suppressions, prendra, pendant le cours de la sève, beaucoup de force et donnera, pour l'année suivante, une bonne branche à fruits, placée très-près du membre sur lequel elle a pris naissance. On conçoit que si au lieu de retrancher les branches *h*, *i*, *k*, je les avais laissées pousser, la branche inférieure

se serait étiolée ainsi que les branches *h*, *k*, et toute la sève se serait portée dans la branche *i*, ce qui aurait forcé de l'allonger beaucoup à la taille l'année suivante. C'est cette pratique vicieuse, répétée chaque année par les cultivateurs ordinaires, qui cause le dépérissement des pêchers ; on les voit ayant de longues branches dégarnies de végétation et présentant seulement quelques touffes de fleurs et de feuilles à leurs extrémités. Il est bien, quand la branche à fruits sur laquelle on a taillé, est forte, d'y conserver, à l'ébourgeonnement, deux branches dans le bas au lieu d'une, afin d'avoir à choisir à la taille de l'année suivante, la meilleure de ces deux branches qui n'aurait pas été endommagée par les gelées ; dans tous les cas, on doit n'en conserver qu'une à cette époque pour ne pas occasionner de confusion ; mais sur les branches de moyenne force et qui ont un ou deux fruits à nourrir, il ne sera laissé qu'un seul bourgeon, afin qu'il devienne une bonne branche à fruits. Lorsqu'au printems, après avoir taillé une branche à fruits à plusieurs yeux, il n'en noue aucun, on la ravale sur un ou deux bourgeons le plus inférieur. Il est facile de sentir, parce qui

vient d'être expliqué, combien est important
l'ébourgeonnement en général, et particulièrement celui des branches à fruits.

Comme il est reconnu que rien n'épuise autant les arbres que de leur laisser une trop grande
quantité de fruits, il est nécessaire, quand,
ils en sont fortement chargés, de les éclaircir:
on y procède, pour les pêches, lorsqu'elles
ont à-peu-près la grosseur d'une noisette; alors
il faut supprimer celles qui, placées contre le
treillage ou entre les branches, ne pourraient
se développer, celles trop rapprochées sur un
même point, enfin les plus petites ou mal
conformées : cette suppression se fera de manière à ce que les fruits conservés soient également distribués sur toute la surface de l'arbre,
ayant attention de décharger de préférence les
branches inférieures ou descendantes, et d'en
laisser moins sur les faibles que sur les fortes.
Par ce procédé, les pêches qui resteront ac-
querreront plus de grosseur et plus de qualité,
ce qui est préférable à une multiplicité de
petits fruits sans saveur. Ce principe est applicable à tous les arbres fruitiers, et même
aux treilles. Le retranchement ne doit pas être
fait simultanément, mais il faut y procéder

petit - à - petit ; on le termine dès que les pêchers sont de la grosseur d'une noix.

Palissage du Pêcher.

Le palissage est une opération qui consiste
à attacher au treillage ou à fixer à la muraille
les branches conservées à l'ébourgeonnement.
On ne peut en préciser l'époque ; mais il doit
se faire plus tôt sur les jeunes arbres de deux
ou trois années de plantation que sur les autres :
il est nécessaire, pour les premiers, d'attacher
les pousses aussitôt qu'elles ont atteint assez de
force pour être palissées dans une bonne direction et prendre la forme qu'on doit leur
donner. Il faut placer les bourgeons à des
distances égales sans les croîser, les contour-
ner, ni leur faire décrire de coude; enfin on
doit les étaler dans la forme indiquée (*Pl.* V,
fig. 7). Les bourgeons qui ont quinze à vingt
pouces de long seront attachés sur plusieurs
points, il ne faut pas trop serrer les liens, ce
qui pourrait endommager l'écorce et y occasionner des chancres : il est utile, en général,
et surtout pour les pêchers de tout âge, de
palisser d'abord les bourgeons des membres
supérieurs, dont la croissance est toujours assez

vigoureuse, et de retarder cette opération, *le plus long-tems possible,* pour les bourgeons inférieurs, qui, étant libres et jouissant de toutes les influences de l'air, finiront par égaler en force les premiers. Cette précaution doit même être employée *chaque année* pour fortifier les membres inférieurs : lorsque pour y parvenir, on a jugé nécessaire de les éloigner du treillage et de les fixer en avant contre un tuteur, il ne faudra pas les ramener brusquement à la place qu'ils doivent occuper; mais on devra, avec un lien flexible, les y rappeler peu-à-peu et à plusieurs jours de distance : par ce procédé on évite les fractures toujours très-dangereuses pour le pêcher : il faut aussi, dans ce cas extraordinaire, entourer d'une petite lanière de drap, le point où portera le lien sur la branche, pour en garantir l'écorce.

Le palissage des pêchers, sur lesquels il y a des fruits, ne sera fait que le plus tard possible, parce que les fruits abrités par les bourgeons et les feuilles, deviennent plus beaux que ceux exposés à l'ardeur du soleil ; il ne faut donc y procéder qu'après qu'ils ont atteint une partie de leur grosseur et choisir un tems couvert.

Entre l'ébourgeonnement et le palissage, de nouvelles pousses se sont développées, les bourgeons se sont étendus, il existe à cette époque une espèce de confusion ; il faut alors supprimer tous les bourgeons mal placés et superflus et ne laisser que ceux qui pourront être facilement palissés : on retranche aussi tous les faux bourgeons qui auront poussé sur le devant et sur le derrière des branches mères et des membres, ayant attention d'en laisser quelques-uns à leur extrémité pour amuser la sève, et empêcher le développement des yeux qui ne doivent donner leurs pousses que l'année suivante : ces bourgeons conservés seront retranchés dans le courant de septembre. La coupe d'un bourgeon que l'on supprime sera faite avec un instrument bien tranchant et très-près de la branche qui lui a donné naissance, sans y faire aucune écorchure. Si la plaie est un peu forte on la couvre de cire à greffer. Quand un œil, taillé pour obtenir le prolongement d'une branche, produit deux ou trois bourgeons, on conserve le plus fort et le mieux placé, et l'on supprime les autres avec précaution, pour ne point endommager celui conservé. Ce premier palissage devra être continué durant toute la sève pour fixer au treillage les pousses qui s'allongeront, ainsi que les branches inférieures dont on a retardé le palissage ; celles-ci seront attachées quand on jugera qu'elles ont acquis assez de force. Lorsque ce travail est terminé et qu'il a été bien fait, la muraille où se trouve le pêcher, doit entièrement disparaître sous les branches et les feuilles qui les couvriront de toute part, et l'espalier ne présentera qu'un pouce d'épaisseur.

Pour donner aux pêches ce beau coloris dont le pinceau de la nature vient les embellir par couches successives, il faut, quinze jours ou trois semaines avant la maturité des pêches rouges (1), couper avec des cizeaux les feuilles qui les abritent du soleil ; cette suppression doit être progressive et se faire en plusieurs fois pour que les fruits ne soient pas exposés trop subitement à l'ardeur de ses rayons brûlans ; il ne faut pas enlever la totalité de la feuille ; mais seulement les trois quarts.

Les pêches tardives (2) qui ne sont que lé-

(1) On nomme pêches rouges celles qui prennent une couleur vive, telles que les pourprées hâtives, mignonnes, galandes, madeleines, etc.

(2) Ce sont les Royale, Téton de Vénus, Bourdine, Pavie, etc.

gèrement colorées, seront découvertes plus tôt
que les autres : elles résistent mieux aux ardeurs
du soleil, et il leur faut plus long-tems pour
prendre de la couleur, on peut en conséquence
les effeuiller dans le commencement de septembre.

On devra chaque année donner un labour
au pied des arbres et le long de la plate-bande,
il sera fait avec beaucoup de précaution surtout autour du tronc, pour ne point lui causer
d'écorchure et ne couper aucunes racines. On
y procède avant la floraison ou quand les pêches sont nouées ; mais jamais lorsque l'arbre
est en fleurs, les exhalaisons de la terre pourraient leur nuire à cette époque.

Lorsqu'un pêcher a huit ou dix ans, et qu'il
porte beaucoup de fruits, il est nécessaire d'enlever en automne quelques pouces de terre
autour du tronc et dans la plate-bande, et
et d'y mettre trois ou quatre pouces de fumier
bien consommé, que l'on recouvrira de terre
au printems. Si la plate-bande a peu de largeur, on enlevera la grève de l'allée jusqu'à la
terre et dans toute l'étendue du pêcher, pour
placer du fumier qui sera aussi recouvert par
la grève au printems.

De la cueillette des Pêches.

Lorsque la couleur rouge et vive que présente une pêche du côté exposé au soleil, jaune et transparente de l'autre, fait présumer qu'elle est mûre, il faut l'empoigner à pleine main, en l'attirant doucement et sans la presser ; si elle est en maturité, elle se détachera facilement ; dans le cas contraire, on en diffère la cueillette : il est préjudiciable de la fouler avec le pouce pour s'assurer de sa maturité ; de cette pression il résulte une meurtrissure qui la fait pourrir promptement. A mesure que l'on cueille une pêche, on doit la poser avec précaution dans un panier plat (1), garni de mousse, et ne jamais entasser ces pêches les unes sur les autres ; elles devront être brossées très-légèrement et avec beaucoup de précaution, afin d'enlever le duvet et la poussière qui les couvre, et de leur donner un coloris flatteur qui fait admirer ce beau fruit. Si l'on veut conserver les pêches quelques jours avant

---

(1) J'ai fait confectionner à cet effet des paniers d'osier ayant 3 pouces de haut, 15 pouces de long et 12 pouces de large. Ils contiennent 30 pêches, qui, bien entourées de mousse, peuvent se transporter en voiture sans être meurtries.

de les manger, il ne faut pas attendre pour les cueillir qu'elles soient complètement mûres.

Du Remplacement.

Le remplacement, l'une des opérations les plus essentielles, se pratique chaque année : il est d'une exécution facile, quand, à l'ébourgeonnement, on a retranché sur une branche à fruits tous les bourgeons supérieurs qui en étaient dépourvus, que l'on a coupé à quatre feuilles ceux sur lesquels se trouvaient des fruits, enfin que l'on a conservé une ou deux pousses provenant des yeux les plus bas, ainsi que cela a été expliqué, page 100. Aussitôt que la cueillette des pêches est terminée, il faut ravaler chaque branche qui a porté du fruit, sur le ou les bourgeons inférieurs qui ont été réservés en bas, voir (*g*, *Pl.* III, *fig.* 3).

On peut concevoir que par le retranchement des bourgeons superflus, qui a été fait lors de l'ébourgeonnement, et par la suppression qui vient d'être indiquée, ceux conservés à la partie inférieure prendront assez de force pour devenir de bonnes branches à fruit l'année suivante, et qu'en pratiquant chaque année cette méthode, on conservera à l'arbre sa jeunesse, sa vigueur et une longue existence.

Peu de jardiniers entendent bien ce remplacement, et il en résulte que les branches allongées toutes les années à la taille se dégarnissent dans la partie inférieure, parce que le pêcher ne repique presque jamais dans le vieux bois.

CHAPITRE III.

Maladies du Pêcher.

Le pêcher est sujet à beaucoup de maladies ; les principales sont : *la Gomme*, *la Cloque* et *la Brûlure*.

La **Gomme**, qui d'abord ne présente aucun danger, devient très-funeste au pêcher, quand on néglige de la détruire ; elle a souvent pour cause les chaleurs prématurées qui arrivent au printems, auxquelles succèdent des froids rigoureux ; alors la sève, subitement arrêtée, s'extravase de toutes les parties de l'écorce, et fait mourir la plupart des yeux et nombre de branches ; elle est aussi causée par la rupture d'une branche ou une écorchure dont on néglige de soigner la plaie. Il faut, pour remédier à cette maladie, visiter souvent les pêchers et enlever avec soin toutes les parcelles de gomme qui s'y trouvent. On se sert pour cela du dos de la serpette ou d'un linge mouillé. Si on avait négligé de faire cette opération dans les commencemens et que la *gomme* se fut amassée, durcie et séchée, il faudrait l'ôter doucement avec la pointe de la serpette sans endommager l'écorce; mais si cette écorce était déjà carriée par le séjour de la *gomme*, alors on devrait couper jusqu'au vif tout ce qui est vicié et recouvrir la plaie avec de la cire à greffer; dans le cas où cette plaie serait très-étendue, on y appliquerait de l'onguent de St-Fiacre.

La **Cloque**, qui est une maladie extraordinaire, attaque les feuilles et les jeunes pousses du pêcher. On voit quelque fois un arbre bien vert, les fleurs épanouies et même nouées, lorsque tout-à-coup, et pour ainsi dire du jour au lendemain, ses feuilles, de minces qu'elles étaient, s'épaississent du double ou du triple, et se crispent comme des feuilles de laitue; elles deviennent rabotteuses, galeuses; l'écorce et les fruits sont même attaqués et la gomme flue de toute part. Cette maladie, comme celle de la gomme, est attribuée au passage subit du froid au chaud; il paraît que la brusque variation dans la température dérange l'action de la sève, l'arrête dans son cours; alors refluant avec trop d'abondance dans certaines parties de l'arbre, elle y porte le désordre et cause ces ravages.   8

Lorsque cet accident arrive, on doit attendre que les feuilles malades commencent à se faner; il faut alors les enlever ainsi que les nouvelles pousses attaquées, et brûler le tout pour détruire les pucerons qui s'y attachent ordinairement, ensuite on retranche les bourgeons rabougris ou morts : après cette opération, il faudra décharger l'arbre d'une partie de ses fruits et l'ébourgeonner largement. Il est aussi nécessaire de pratiquer une fosse autour de la tige et d'y verser un arrosoir du bouillon indiqué dans la note ci-dessous (1). Malgré toutes ces précautions, le pêcher se ressent de cette maladie plus d'une année, et tout le tems qu'il

(1) On divise par moitié et perpendiculairement un grand *Baquet* avec une planche percée de trous : d'un côté on l'emplit au trois quart de partie de fiente de vache, de crottins de cheval ou de fumier de moutons; on arrose chaque jour ce mélange avec des eaux grasses de relavure; il faut repasser plusieurs fois la même eau sur le mélange, et après huit ou dix jours elle peut être employée pour arroser *tous* les arbres malades dont les feuilles jaunissent, soit pour avoir trop porté de fruits, soit qu'ils aient été taillés à contre-tems; mais quand la maladie a pour cause une plantation faite dans un mauvais terrain non-défoncé, c'est en vain que l'on arroserait les arbres avec ce bouillon; ils ne reprendraient leur verdure que momentanément.

Quand on peut se procurer du jus de fumier il fait le même effet que le bouillon ci-dessus.

ne sera pas bien rétabli, il est prudent de lui laisser peu de fruits.

La **Brulûre** des branches n'attaque ordinairement les pêchers que lorsqu'ils ont déjà cinq ou six ans, plus particulièrement ceux exposés au midi, l'écorce s'écaille, se gerce et tombe en pourriture. Il paraît que cette brûlure est causée par les verglas et les neiges qui souvent en hiver couvrent les branches et sont fondues durant le jour, alors l'écorce qui en est pénétrée est plus susceptible d'être gelée. Lorsque le soleil a fondu la neige qui couvre les branches d'un pêcher, on peut remarquer qu'il reste une petite goutte d'eau fixée à un grand nombre de boutons; cette goutte, qui a aussi attendri les boutons, les rend plus impressionnables au froid qui les gèle pendant la nuit; c'est à ces gelées qu'il faut de même attribuer la perte de beaucoup de boutons à bois très-essentiels. Il y a deux moyens d'éviter leur destruction: il faut, lorsque les arbres sont couverts de neige, la faire tomber en houssant les branches de l'arbre avec légéreté pour ne point endommager les boutons; à cet effet on se sert d'un petit balai de plume de volaille que l'on promène de bas en haut. Il est encore mieux, pour prévenir la brûlure, de placer des paillassons devant les arbres pendant les frimats. Je donnerai, à l'article paillasson, la manière de les faire et l'époque à laquelle il faut les employer.

CHAPITRE IV.

Des Animaux nuisibles et des abris.

La nature, toujours féconde, fait naître presque chaque année sur les arbres bien taillés une grande quantité de boutons à fruits; mais notre insouciance, notre paresse, et le plus souvent notre ignorance, nous empêchent de la seconder, et nous sommes privés, la plupart du tems, et par notre faute, de ses dons les plus précieux. Est-il rien d'aussi agréable que de voir des arbres parés d'une belle verdure et dont toutes les feuilles, brillantes de santé, ne présentent aucune piqûre d'insectes, qui, chargés de beaux fruits vermeils et d'une forme gracieuse, attirent l'attention de l'homme le plus indifférent. Nous pouvons tous nous procurer cette jouissance, il ne s'agit que de le vouloir; mais pour cela, il faut des soins et de la vigilance, afin de garantir la végétation nouvelle de l'intempérie des saisons et de la

voracité des animaux. Je vais décrire les plus
nuisibles et donner les moyens de les détruire.
Ce chapitre pourra paraître minutieux, et l'on
me fera peut-être observer que les moyens
indiqués demandent beaucoup de tems : j'en
conviens; mais en fait de culture, on n'obtient
rien sans peine, et il me semble plus convenable de donner tous les soins nécessaires à
un petit nombre d'arbres dont le produit sera
abondant, que de diviser ces mêmes soins sur
beaucoup de sujets qui souvent ne rapporte-
ront rien. Je fais cette observation particulièrement pour les propriétaires de petits jardins
attenants à leurs maisons. Ne serait-il pas avantageux, pour eux, d'employer leurs momens
de loisir à la culture des arbres qu'ils ont constamment sous les yeux? ils en obtiendraient
d'abondantes récoltes, et jouiraient pendant
une partie de l'année des fruits de leurs travaux.

Je dois observer ici, que dans un jardin entouré de murs, les insectes s'abritent et pullulent beaucoup plus que dans ceux au grand
air : c'est alors qu'il faut redoubler de soin
pour les détruire.

Des Pucerons.

Il est un grand nombre d'insectes qui attaquent les arbres, en général, et les pêchers,
en particulier : je ne parlerai que des plus
nuisibles. Je mets en première ligne le **Puceron**; je crois inutile de le décrire, tant
il est connu. Il est des arbres qui, certaines
années, en sont tellement couverts, que la
végétation est arrêtée dans plusieurs parties,
l'extrémité des branches meurt, et les fruits,
dénués de feuilles, tombent avant la maturité.
J'ai même vu des pêchers périr, parce qu'on
avait négligé d'extirper cette vermine. Les
moyens que j'ai d'abord employés, pendant
plusieurs années, pour les détruire, ne me
réussissaient que d'une manière bien imparfaite
et me prenaient beaucoup de tems. J'ai reconnu, après diverses expériences, que la fumée
du tabac était infaillible et n'altérait nullement
l'arbre : pour l'employer, je me sers d'un petit
instrument en cuivre, de la grosseur d'un œuf,
voir *Pl.* I, *fig.* 2 : il s'ouvre par le milieu ;
je le remplis de tabac à fumer, légèrement
humide, j'introduis un morceau d'amadou en-
flammé dans la virole inférieure que j'ajuste

au bout d'un soufflet ; en l'agitant , il fait
prendre feu au tabac et produit une fumée
abondante qui sort avec force par le petit conduit placé à l'extrémité supérieure : on peut
diriger facilement cette fumée sur toutes les
parties de l'arbre attaqué ; il faut s'arrêter une
ou deux minutes aux endroits fortement couverts de pucerons, faire cette opération par un
tems calme et la réitérer trois jours après la
première fumigation. On verra tous les pucerons tomber et mourir. (1)

Non seulement, le puceron prend naissance
et se reproduit sur l'arbre qui en est attaqué ;
mais il provient aussi de moucherons qui s'y
fixent , suçent la sève , grossissent, perdent
leurs aîles et leur peau, et finissent, après
quelques jours, par ressembler aux autres pucerons : ces animaux pullulent avec une in-
croyable rapidité. Il est dès lors certain que
l'arbre , sur lequel les pucerons ont tous été
détruits, n'en est pas exempt pour le reste de
l'année ; mais qu'aussitôt que de nouveaux pucerons aîlés se seront fixés sur ses branches,

(1) On peut également employer ce moyen pour détruire les pucerons qui souvent attaquent les plantes de serre.

il faudra renouveler la fumigation. Cela ne doit point effrayer, parce que cette petite opération n'a rien de pénible, et l'arbre qui a été bien fumigé, est long-tems avant d'être de nouveau attaqué par cet insecte.

Beaucoup de personnes s'imaginent, en apercevant les feuilles crispées, et une grande quantité de fourmis courant sur les branches, que ce sont ces petits insectes qui causent autant de ravages aux arbres : c'est une erreur, et si on voulait prendre la peine d'observer attentivement ces fourmis inoffensives, on reconnaîtrait qu'elles ne vont que sur les pêchers où il y a des pucerons ou des punaises, afin d'y sucer les excrémens de ces animaux qui se nourrissent de la sève : dès qu'on en aura purgé un arbre, les fourmis cesseront de s'y porter.

Des Punaises.

Deux sortes d'animaux portent le nom de **Punaises.** Les unes, de la grosse espèce, commencent à paraître dès le mois de juin et disparaissent à la fin d'août; peu de jardins sont exempts de cette vermine, qui est facile à détruire, attendu qu'elle ne va jamais en bande et ne se propage pas beaucoup : il est cependant utile de lui faire la chasse, parce qu'elle attaque le fruit, surtout les pêches, et choisit les plus mûres.

Les **Punaises** de la petite espèce sont presque imperceptibles ; leur tête est garnie de deux cornes, elles ont le corps terminé en pointe, il est tellement plat qu'il en est transparent : six petites pates servent à les transporter avec rapidité d'un lieu à un autre ; suivies d'une quantité innombrable de leurs semblables, elles envahissent promptement un arbre, et comme elles pullulent prodigieusement, tous les espaliers d'un jardin en sont bientôt infectés si on n'y porte un prompt remède. Cet animal, tout petit qu'il est, mange beaucoup, dévore toute la substance des feuilles qui blanchissent et tombent : de sa fiente, il salit les branches et le treillage d'une couche noire comme de l'encre. Cet animal ne sort de sa coque qu'à la fin de mai et en juin ; dès le mois de septembre, il disparaît. Les coques, d'une couleur brune, d'abord petites et minces, presqu'invisibles, se dilatent, prennent une croissance et une tuméfaction extraordinaire ; elles acquièrent jusqu'à trois lignes de diamètre sur deux lignes d'épaisseur : elles sont remplies d'une matière glutineuse qui se dessèche et présente une poussière blanche, d'où sortent des milliers de ces petites punaises. J'ai essayé beaucoup de moyens pour les détruire lorsqu'elles avaient envahi un arbre, et cela sans pouvoir y parvenir. Le plus sûr est de chercher exactement leurs coques lorsqu'elles commencent à grossir ; on les trouve fin d'avril, en visitant avec beaucoup d'attention les vieux bois des vignes, et les jeunes pousses des abricotiers, poiriers et pommiers, elles se fixent aussi sur les charmilles et sur plusieurs autres arbres : il suffit d'écraser les coques avec un petit linge ; mais comme elles ne se dilatent pas toutes en même tems, il faut continuer les recherches plusieurs jours de suite, au même endroit, et les prolonger jusqu'au moment où l'on n'en trouve plus. On ne peut trop recommander de détruire ce petit animal qui cause de grands ravages et détruit les plus beaux espaliers.

Il est encore une autre espèce d'insecte plus nuisible, peut-être, que celui-ci, et dont je n'ai trouvé la description nulle part. Vu à la loupe, il m'a paru aussi petit, aussi transparent et à-peu-près de même forme que la punaise ; mais

ayant le corps plus rouge : il éclot avec les premières feuilles du pêcher, auxquelles il s'attache;
et après les avoir criblées d'une infinité de petites
piqûres, et avoir dévoré leur substance, il les
abandonne pour se fixer sur les voisines; il
n'attaque généralement de nouvelles feuilles,
qu'après avoir épuisé les premières. On reconnaît facilement un pêcher infecté de cet animal :
les feuilles attaquées présentent de nombreux
petits points blanchâtres, causés par la piqûre
de ces insectes, elles perdent leur verdure,
sont rudes au toucher, et le dessous de ces
feuilles est couvert d'une grande quantité de
petits grains semblables à du sable, qui sont
produits par la fiente de l'animal : il ne laisse
pas, comme la punaise, des traces noires là
où il fait son séjour qu'il prolonge jusqu'en
octobre, et il diffère beaucoup de cet insecte
par la manière de se reproduire. Au lieu de
couvrir sa progéniture d'une coque, comme
fait la punaise, il dépose une quantité immense
de petits œufs à l'embranchement des pousses,
sous les écorces gercées, autour des yeux et
plus particulièrement du côté de la muraille
que de l'autre. Afin de purger mes pêchers de
cette vermine, j'ai employé tous les moyens

indiqués pour la destruction des insectes, et
certes il n'en manque pas ; j'ai poussé la patience jusqu'à faire laver les feuilles attaquées
avec une éponge imbibée de la décoction de
M. *Tatin*, et tout cela sans résultats. Désespéré
de voir périr mes pêchers, et après avoir con-
sulté inutilement d'anciens horticulteurs, je me
suis déterminé à écraser les œufs en frottant
avec une petite brosse les endroits où j'en
apercevais, à enlever les vieilles écorces qui
en contiennent un grand nombre. Pour faire
cette opération plus facilement, on dépalissera
l'abre afin de pouvoir brosser le derrière des
branches ; mais on conçoit que, malgré la plus
grande attention, on ne peut détruire la totalité des œufs, surtout ceux placés entre les
bourgeons ; afin de suppléer à l'insuffisance de
ce moyen et pour le completter, je compose,
avec de la terre glaise et du lait de chaux vive,
une boulie claire dont j'enduis toutes les branches ; cette couche se durcit et empêche les
œufs d'éclore sans nuire à la végétation de
l'arbre. Pour étendre cette boulie, il faut se
servir d'une petite brosse en soies de porc et
faire l'opération en février, avant le commencement de la sève, parce que si on attendait

que les boutons fussent déjà gonflés, on s'exposerait à en jeter bas une grande quantité. Comme cet animal attaque presque tous les arbres indistinctement, et qu'il serait trop long et trop pénible de les brosser tous, je conseille de les enduire simplement de cette bouillie ; elle m'a réussi pour les détruire sur des poiriers et des pommiers qui en étaient couverts.

Dans la rue que j'habite et qui est plantée de deux rangées de tilleuls, on voit ces arbres perdre leur verdure vers le milieu de l'été ; leurs feuilles noircissent et tombent. J'en ai examiné un grand nombre et les ai trouvées couvertes de cet animal ; il se rencontre dans beaucoup de jardins de ce pays sans que les propriétaires s'en inquiétent ; leurs pêchers meurent, les autres arbres jaunissent ; on attribue ces accidens aux intempéries des saisons et on les remplace par d'autres qui auront le même sort.

Des Tigres.

Les **Tigres** sont de petits animaux ayant des taches noires sur le corps, ce qui leur a fait donner le nom qu'ils portent. Comme la punaise, ils ont une petite tête, un corps délié, de petites pattes et une trompe, se multiplient à l'infini et vont par bandes. Ils affectionnent le poirier et rongent tellement le parenchime de ses feuilles, qu'elles blanchissent et tombent. Comme les fruits ne peuvent venir en maturité s'ils ne sont nourris par les feuilles, ils languissent et se détachent de l'arbre. Je n'ai pu détruire cet animal nuisible qu'en frottant au mois de mai, avec les doigts ou un petit linge, les feuilles sur lesquelles je l'apercevais et cela avant qu'il se fut propagé. Peut-être serait-il convenable d'employer pour sa destruction la boulie indiquée ci-devant. Je ne ne l'ai pas encore essayée. Il faut aussi en automne détacher toutes les feuilles qui en auraient été attaquées et les brûler; afin de ne point laisser de germe pour l'année suivante. Avec cette précaution, répétée pendant deux ou trois années, on détruit un animal qui est le fléau des poiriers et finit par envahir tout un espalier.

Des Chenilles et des Vers.

Les **Chenilles** sont de plusieurs sortes et causent de grands dégats dans les jardins. Elles se reproduisent par *Coques*, par *Bagues* et par *Paquets*.

Des *chenilles*, devenues papillons, se métamor-
phosent en nymphes et déposent leurs œufs en
monceaux contre la muraille où sur des branches
d'arbre : pour les garantir de l'humidité et de
la gelée, elles les couvrent d'un duvet jaunâtre
ou brun qui provient du velouté dont leur
corps est entouré; on aperçoit ces amas d'œufs
en hiver, on doit les chercher exactement et
les brûler.

Les *chenilles* qui en naissent sont grosses,
courtes et velues; elles ont une tête forte et
mangent beaucoup; elles attaquent les jeunes
pêches et abricots de préférence aux feuilles;
elles font à ces dernières plusieurs petits trous
et finissent par les dévorer. Quand ces jeunes
chenilles, qui éclosent de très-bonne heure, commencent à se répandre sur un arbre, où elles
cheminent isolément, il faut le visiter plusieurs
fois par jour, surtout avant le lever du soleil,
et ne cesser les recherches qu'après qu'elles
sont toutes détruites : si malgré cette recherche
il en échappe, elles deviennent grosses, se
blotissent pendant le jour derrière le treillage
où les fortes branches d'arbres, et s'y cachent
dans les gerçures; c'est donc là qu'il faut encore
les poursuivre, pour éviter leur reproduction.

Les **Bagues,** dont on connait la forme, ne se trouvent que sur les jeunes pousses. Il faut les enlever, parce qu'elles donnent naissance à une grande quantité de *chenilles;* elles ne sont pas coureuses comme les premières décrites et se pelotonnent les unes sur les autres aussitôt qu'elles sont écloses : ces *chenilles* se répandent sur l'arbre après le soleil levé, pour aller prendre leur nourriture, et reviennent au gîte avant la chûte du jour. On distingue facilement leur refuge aux branches environnantes dépouillées de verdure, il faut alors les écraser avec un linge lorsqu'elles y sont toutes réunies.

Les **Paquets,** plus communs que les deux autres sortes, se trouvent partout où l'on remarque une ou plusieurs feuilles contournées, recouvertes d'une espèce de duvet et attachées aux branches par un ligament. Elles se rassemblent comme celles qui proviennent des bagues et devront être détruits avec le même procédé.

Il est encore un grand nombre d'espèces de *chenille;* mais je me borne à l'indication de celles que je viens de décrire : elles devront subir le même sort que les autres, parce que toutes sont nuisibles.

9

Indépendamment des chenilles dont je viens de parler, il y a d'autres insectes qui attaquent les poiriers et surtout les pommiers. Ce sont de petits **Vers** cachés sous diverses formes, qui éclosent en même tems que les boutons à fruits, qu'ils piquent à leur base. La sève découle de cette blessure, le bouton se flétrit et sèche quelquefois même avant que les fleurs se soient épanouies. Pour éviter les ravages que font presque chaque année ces insectes, on doit, pendant les belles journées de février et de mars, nettoyer les arbres et ôter toutes les petites aspérités, détacher les feuilles sèches collées contre les branches; enfin enlever dans les enfourchures et sous les écorces gercées, tout ce qui peut recéler des animaux nuisibles, on se servira, à cet effet, d'une petite brosse à poils rudes.

Bien souvent aussi, lorsque la végétation est plus avancée, on aperçoit des boutons à fleurs dont les premières feuilles recoquillées cachent un ou plusieurs petits vers qui en rongent l'intérieur : c'est là qu'il faut aller les chercher avec la pointe du greffoir. Tels sont les soins que demandent les arbres fruitiers si on désire en obtenir d'abondantes récoltes et ne pas les

voir, comme dans la plupart des jardins, dé-
vorés chaque année par un nombre infini
d'insectes.

Le **Moineau** est encore un grand destruc-
teur et le fléau de certains jardins ; non seulement il attaque les semences et les fruits en
maturité ; mais dès le printems il se nourrit
des jeunes boutons qui commencent à grossir,
et détruit l'espoir des plus belles récoltes. J'ai
examiné attentivement, dans divers jardins et
particulièrement dans le mien, des poiriers
dont presque tous les boutons *à fruits* étaient
mangés chaque année par cet animal : pour
les préserver de leur voracité, il faut attacher
une ficelle d'un arbre à l'autre et y suspendre,
par la patte, un ou plusieurs de ces animaux.
On peut aussi employer ce moyen pour garantir les *Treilles ;* il m'a bien réussi et il est
d'une exécution plus facile que d'enfermer les
raisins dans des sacs ou que de les couvrir de
filets, parce que l'on peut en tous tems tuer
quelques moineaux : on les place devant les
treilles à trois ou quatre pieds de distance les
uns des autres, et on les éloigne un peu du
mur pour qu'ils puissent être agités par le
vent.

Des Paillassons.

Souvent nous sommes privés des fruits de nos abricotiers et de nos pêchers, parce que la floraison de ces arbres précoces se trouve détruite par les gelées tardives qui arrivent la plupart du tems lorsqu'ils sont en fleurs. Il y a deux moyens de les préserver : le premier consiste à sceller dans le mur, au-dessus des dernières branches de l'arbre que l'on veut garantir, des broches en fer, ayant un crochet à l'extrémité pour retenir des paillassons qui seront placés horizontalement au-dessus. On donnera à ces broches une légère pente pour faciliter l'écoulement des eaux et des neiges qui tombent sur ces paillassons. On les pose dès le mois de janvier et ils restent jusqu'à ce qu'il n'y ait plus de gelées à craindre; ils serviront à abriter les fleurs, des brouillards froids et humides qui les pénétrent pendant la nuit ainsi que de la neige : cette neige durant le jour, est fondue par le soleil, se congèle de nuit et détruit une partie de la récolte.

Pour garantir encore plus sûrement les arbres, on place au-devant, des paillassons de huit pieds de haut sur quatre de large, que l'on enlève de jour, lorsque le soleil luit, et afin que ces paillassons ne frottent pas contre les branches, on les maintient à un pied d'é-cartement en fixant dans le mur plusieurs chevilles de bois. Alors l'air peut circuler derrière, les boutons et les fleurs continuent à se développer sans être étiolés ni sans jaunir.

Pour faire les paillassons que l'on pose horizontalement, on place à terre à seize pouces de distance deux guindes de sapin de neuf à douze pieds de long, sur un pouce de large et six lignes d'épaisseur : on place ensuite à dix-huit pouces d'écartement d'autres petites traverses (*Pl.* IV, *fig.* 8), puis on étend, dans toute la longueur, de la paille de seigle en lui donnant peu d'épaisseur : on recouvre les deux guindes par deux autres semblables qui seront réunies avec des liens d'osier ou du fil de fer à chacun des points où se trouvent les traverses : la paille maintenue entre les guindes ne peut varier. Elle sera coupée du côté de l'épi à la largeur de deux pieds, avec des cisailles bien aiguisées.

Les paillassons auxquels on veut donner quatre pieds de large, seront construits de la même manière ; mais au lieu de deux guindes il en faut trois, on mettra la paille double et le côté de l'épi bout à bout, en le croisant un peu.

Indication des meilleures espèces de Pêches.

Les traités d'horticulture donnent une longue nomenclature des différentes sortes de pêches; mais je pense qu'il me suffira d'indiquer ici les meilleures espèces et celles qui prospèrent le mieux.

La PETITE MIGNONNE, variété de la grosse mignonne, fruits petits; mûrit au commencement d'août.

La POURPRÉE HATIVE, fruit gros, coloré, chair fine, fondante, vineuse, quelque fois cotonneuse; mi-août.

La MAGDELAINE ROUGE, espèce vigoureuse, fruit gros, arrondi, d'un beau rouge clair, ferme et vineuse; commencement de septembre.

La GROSSE MIGNONNE, fruit gros, arrondi, aplati et creusé au sommet par un large sillon qui le divise en deux lobes, peau jaune, rouge foncé du côté du soleil et se détachant aisément de la chair qui est fine, fondante, sucrée et délicate; mûrit du vingt au trente août : l'arbre qui est vigoureux, vient bien aux différentes expositions.

La GALANDE, a une saveur plus fine que la précédente et vient un peu plus grosse; mais l'arbre est plus délicat et demande l'exposition du levant; fruit très-coloré; mûrit fin d'août.

L'ADMIRABLE, fruit très-beau, excellent, d'un jaune clair, mêlé d'un peu de rouge, vif du côté du soleil; mi-septembre.

La BOURDINE, fruit gros, arrondi, lavé de de rouge foncé du côté du soleil, chair fondante, sucrée, vineuse; mi-septembre; exposition du levant.

Le TETON DE VÉNUS, fruit plus gros et moins coloré que les précédens, surmonté d'un gros mamelon; fin septembre; exposition du midi.

Les GROSSES VIOLETTES, fruit moyen, plutôt marbré que lavé de rouge violet, chair vineuse; quinze septembre; exposition du midi ou du levant.

BRUGNON MUSQUÉ, fruit aussi gros que la grosse violette; mais d'un rouge plus clair et plus vif du côté du soleil, chair jaune, vineuse, musquée; fin septembre. Quand le fruit de ces deux dernières variétés est mûr, il faut le laisser faner sur l'arbre ou faire son eau dans la fruiterie.

FIN.

Fig. 2.

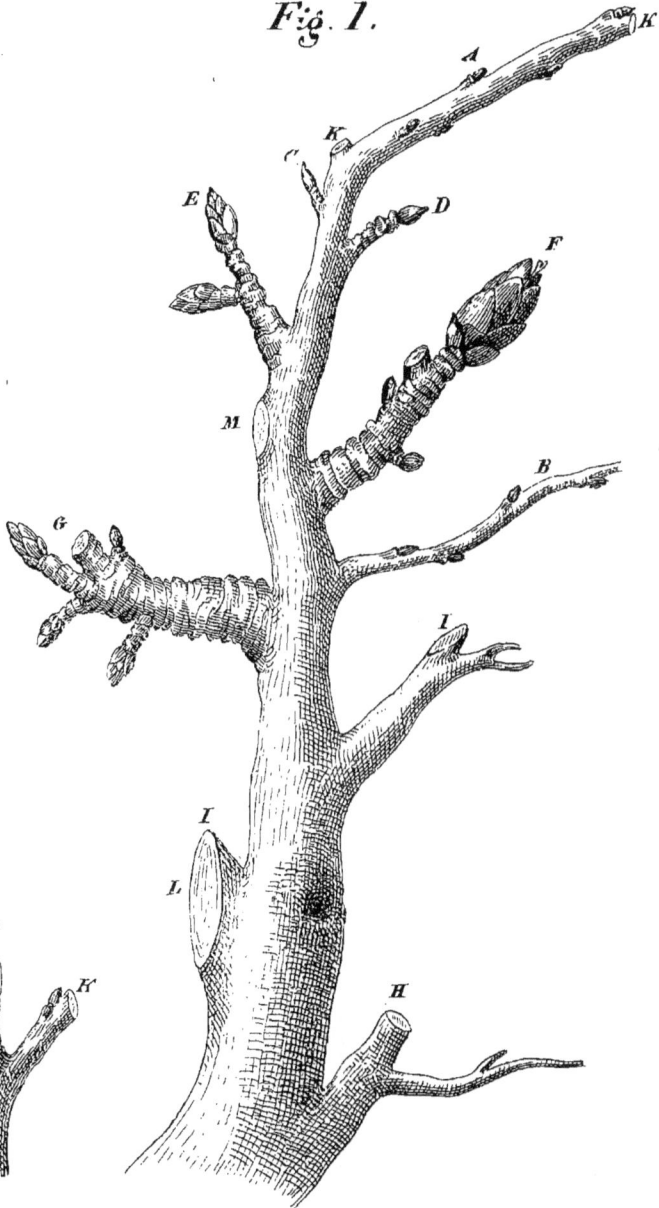

Fig. 1.

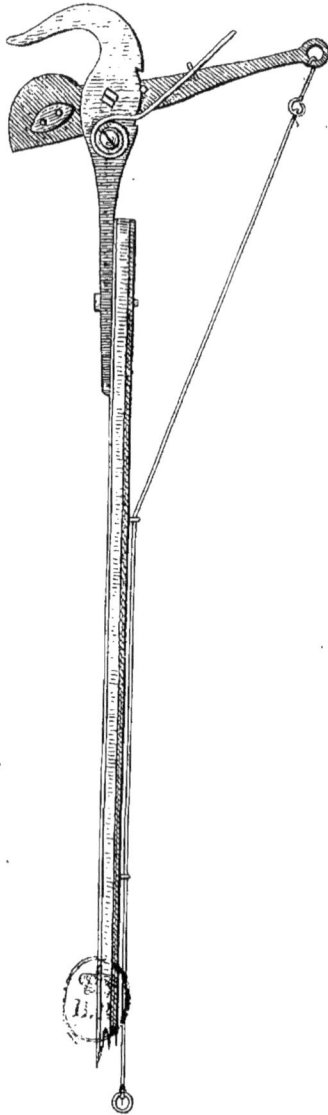

Fig. 3.

Fig. 1.

Fig. 2.

C

A

A B

B

A

A

A

A B

Poirier de 3 ans de Greffe
qui a 4 pieds de hauteur.

Le même que ci contre
après la 1.re taille.

Lith. Numa Rolin.

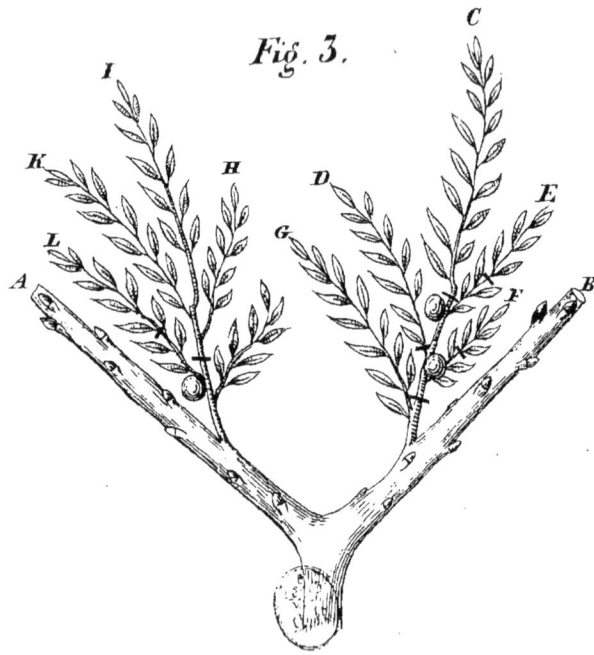

Fig. 3.

Fig. 1.

Fig. 2.

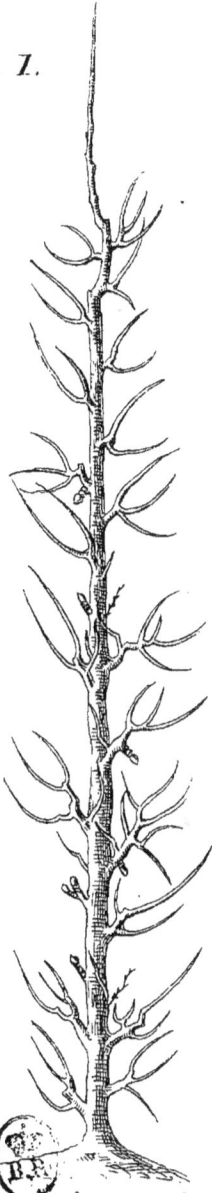

Poirier en fuseau avec les
pousses de la 1.re année.

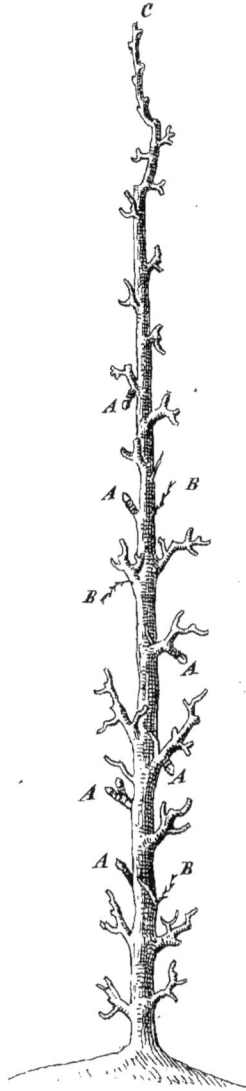

Le même que ci-contre
après la taille de la 2.e année.

Lith. Numa Rolin.

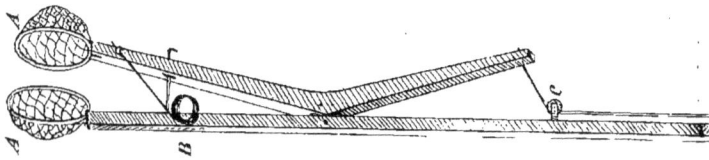

Fig. 3.

Fig. 2.

Fig. 1.

6.ᵉ taille..............

Incision annulaire à faire
la 6.ᵉ année..............

5.ᵉ taille..............

Incision annulaire à faire
la 5.ᵉ année..............

4.ᵉ taille..............

Fuseau ayant 6 ans de plantation,
dessiné après l'ébourgeonnement d'aoùt.

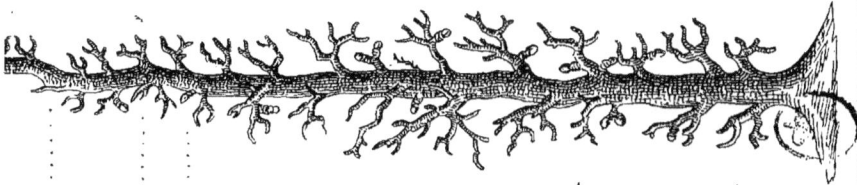

Fuseau ayant 6 ans de plantation,
dessiné après la taille du printems.

3ᵉ taille..........
2ᵉ taille..........
1ʳᵉ taille..........

Lith. Numa Rolin.

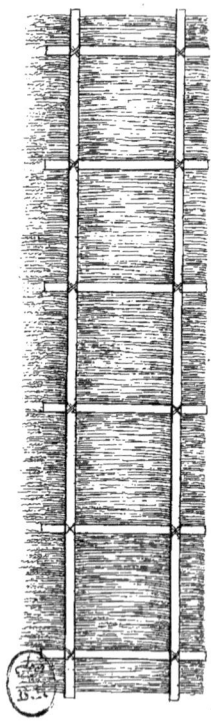

Fig. 8.

Fig. 1re.   *Fig. 2.*   *Fig. 3.*

 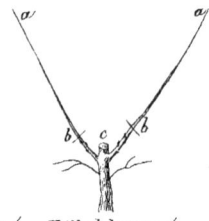 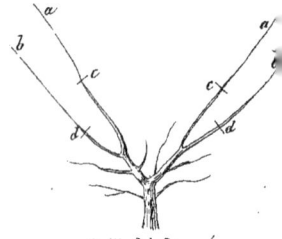

Taille de la 1re année.   *Taille de la 2.e année.*   *Taille de la 3.e année.*

Fig. 6.

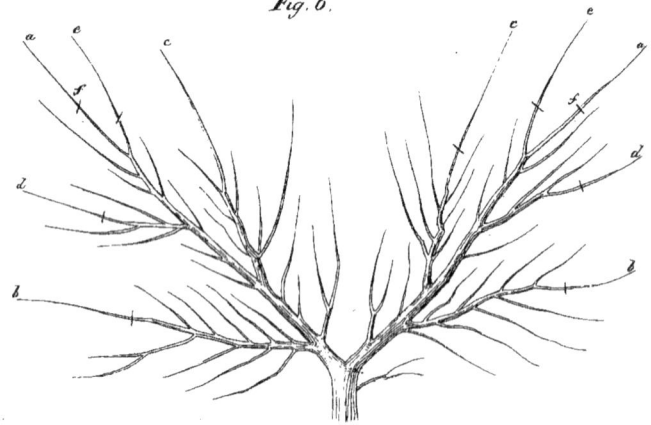

Taille de la 6.e année.

Fig. 4.

Fig. 5.

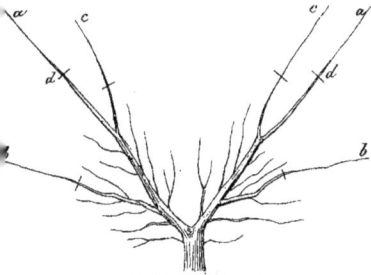

Taille de la 4.ᵉ année.

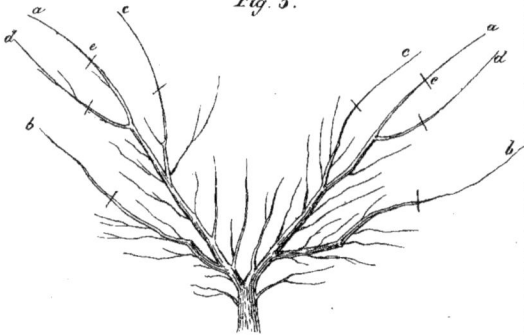

Taille de la 5.ᵉ année.

Fig. 7.

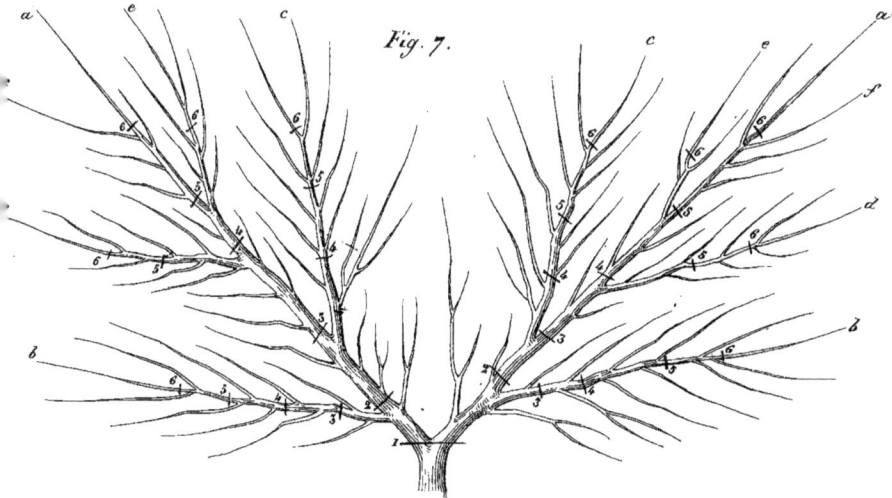

Pêcher âgé de 6 ans
avec l'indication des tailles.

Lith. Numa Robin.

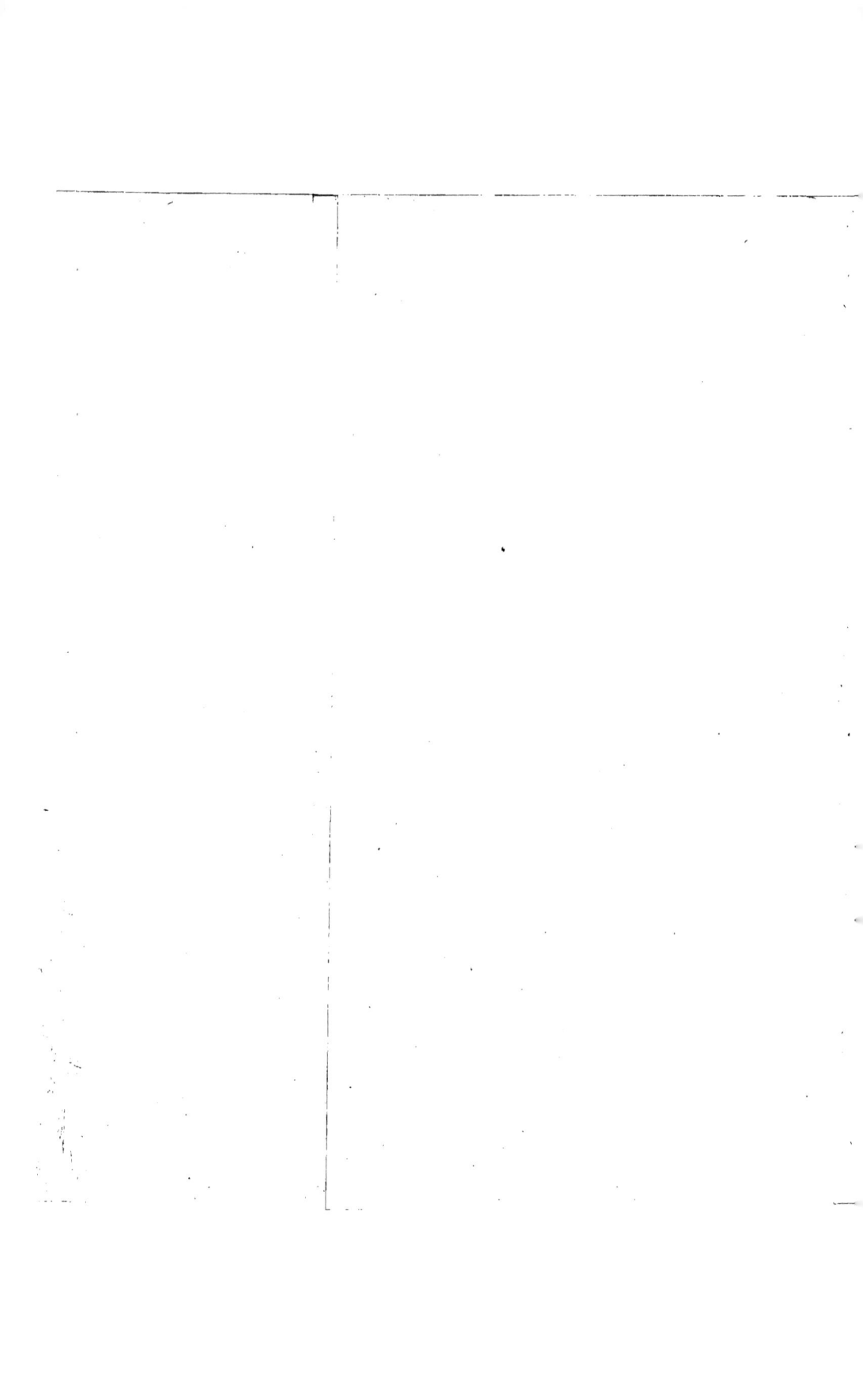

TABLE DES MATIÈRES.

Pages.

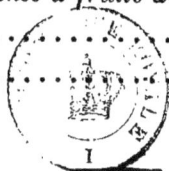

I

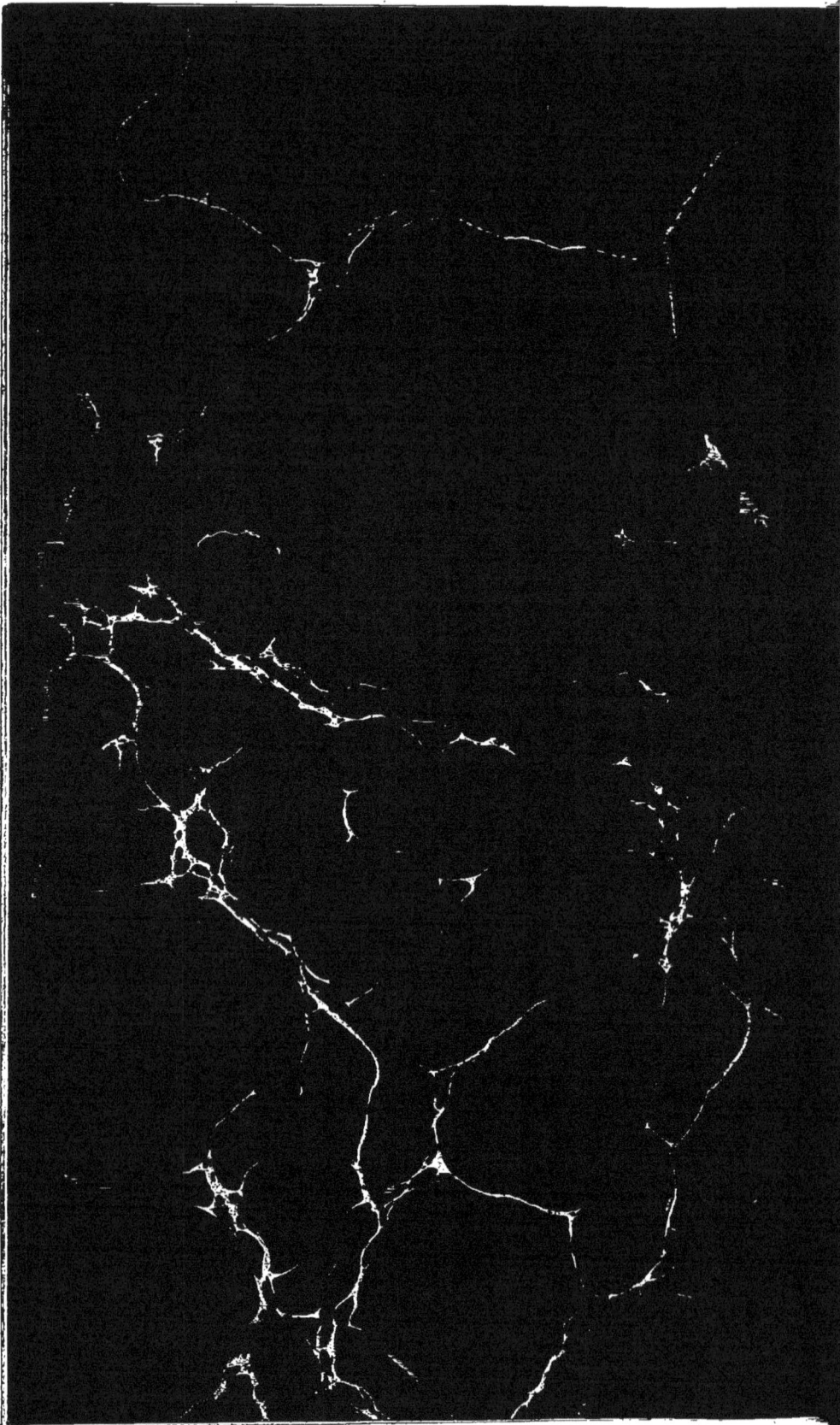

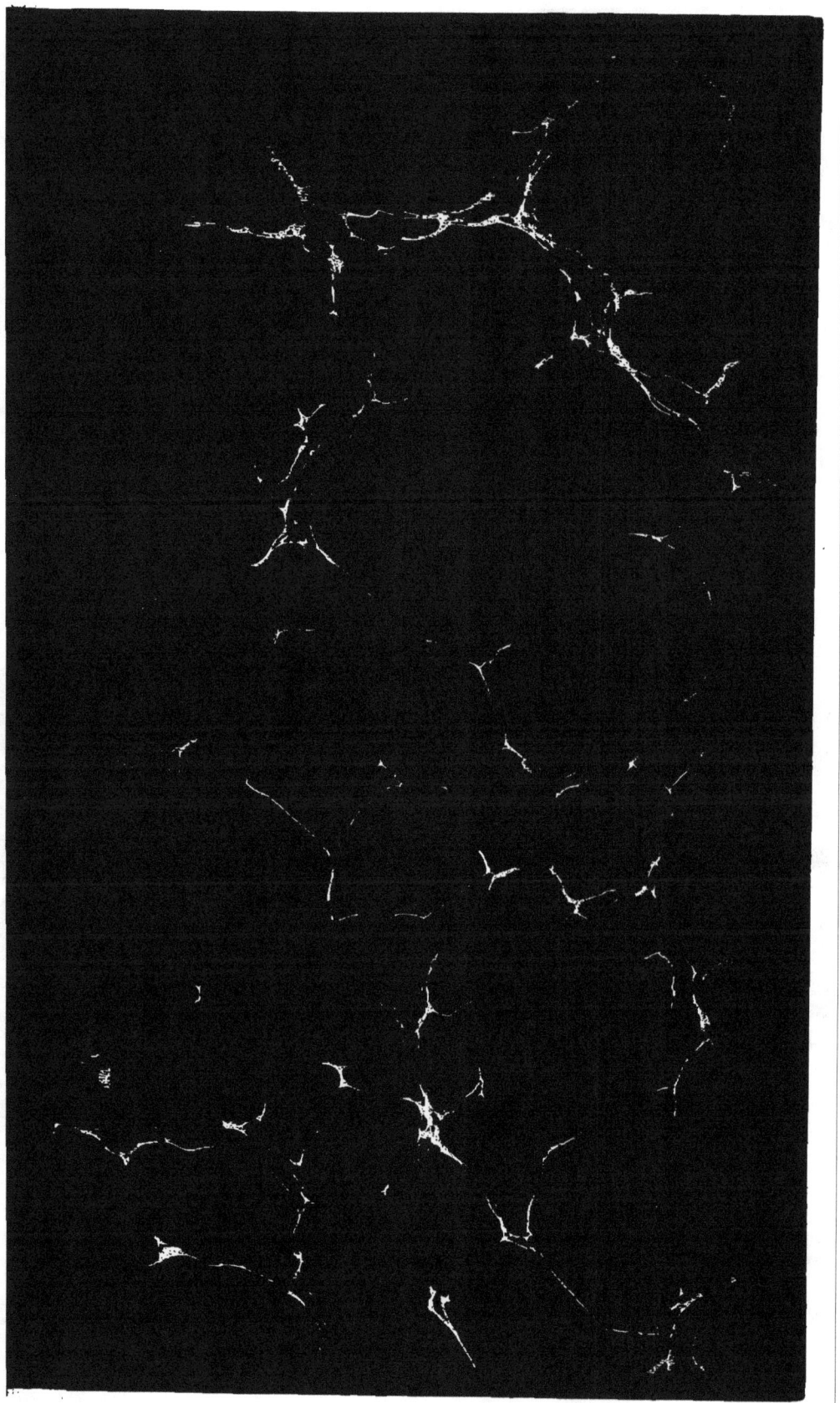